每天当好一个
情绪稳定的成年人

焦亮 / 著

中国华侨出版社
·北京·

图书在版编目（CIP）数据

每天当好一个情绪稳定的成年人 / 焦亮著. -- 北京:
中国华侨出版社，2023. 1（2025. 3重印）.
　ISBN 978-7-5113-8632-8

　Ⅰ.①每… Ⅱ.①焦… Ⅲ.①情绪－自我控制－通俗
读物 Ⅳ.①B842.6-49

中国版本图书馆CIP数据核字(2021)第193601号

每天当好一个情绪稳定的成年人

著　　者：焦　亮
责任编辑：唐崇杰
封面设计：韩　立
文字编辑：胡宝林
美术编辑：刘欣梅
经　　销：新华书店
开　　本：880mm×1230mm　　1/32开　　印张：6　　字数：150千字
印　　刷：河北松源印刷有限公司
版　　次：2023年1月第1版
印　　次：2025年3月第2次印刷
书　　号：ISBN 978-7-5113-8632-8
定　　价：38.00元

中国华侨出版社　北京市朝阳区西坝河东里77号楼底商5号　邮编：100028
发 行 部：（010）58815874　　传　真：（010）58815857

如果发现印装质量问题，影响阅读，请与印刷厂联系调换。

前言

PREFACE

　　成年人的世界里没有容易的事情。生活的真相就是，除了容易长胖，其他事情都挺难。成年人难免闹一些情绪：当工作不顺心的时候，会闹情绪；被别人误解的时候，会闹情绪；看到不顺眼的做法的时候，会闹情绪；无法接受一些社会舆论时，会闹情绪；此外还会为塞车、为天气、为股票、为别人的态度、为自己的遭遇等闹出种种情绪，仿佛我们的人生总有闹不完的情绪。有人因情绪不好，气走了爱人，疏远了孩子；有人因情绪不好，得罪了人，失去了朋友；有的人甚至可能因为情绪不好而断送了自己的前程。

　　情绪不稳定的人，常常给自己和别人带来苦恼，使别人觉得难以与之相处。有人做过调查，发现绝大多数男女青年在选择配偶时，都把对方脾气好、情绪稳定作为条件之一。在一个家庭或一个单位里，如果有一两个情绪不好的人，常会使这个家庭或集体笼罩在不和谐的气氛之中。一个情绪不好的人，走到哪里都会被别人视为害

1

群之马，敬而远之。有时我们人生遇到的最大障碍，不是能力不足，不是条件太差，而是失控的情绪。

小时候，哭是我们搞定问题的绝招儿；长大后，笑是我们面对现实的武器。哲学家葛拉西安告诫人们："藏起你受伤的手指，否则它会四处碰壁。"情绪稳定具有正面的、令人积极进取的能量，能让我们拥有幸福的生活。如果你想拥有一个健康的身体，首先你要学会做一个情绪稳定的人；如果你想拥有一个快乐的人生，首先你要做一个情绪稳定的人；如果你想拥有一个幸福的家庭，首先你要学会做一个情绪稳定的人。控制自己的情绪，调节好自己的心态，是每一个成年人必须要掌握的能力。谁不能做到这一点，谁就无法承受现代生活的高压力，更无法创造美好的人生。本书详尽分析了情绪失控对人生各个方面的危害，如阻碍事业发展、影响婚姻生活、使不良情绪无止境地蔓延、丧失积极进取的勇气等等，同时阐述了改善情绪的各种方法，是一部成年人提升自我的优秀心灵读本。

目录

CONTENTS

第三章　你的任性，必须配得上你的本事

第一章

长大是件越来越不好玩的事情

你在过着谁的人生

小时候，我们迫切地盼着自己长大，觉得长大了想做什么就可以做什么，至少不用什么事情都得服从父母的安排。现在你终于长大了，但你仍然在竭力摆脱父母的控制。最近正是你的事业上升期，稍微努力一下，你就可以做到经理的位子了。这时候父母打电话催你解决个人问题，在你没有同意的情况下已经为你安排了相亲，你现在不想考虑个人问题，可是他们不听，本来今天你想加班，出于礼貌，你还是去相亲了。

同学聚会呢，吃饭喝酒打麻将，你明明不喜欢打麻将，特别是那种烟味四起的氛围，可你生怕冷落了同学，碍于面子在那儿陪着，浪费了自己几个小时的休息时间。

很多时候，你做事情不是出于自己的意愿而是被迫的，"去吧，大家都去了""老大不小了，该找对象了""如果你不这么做，人家会觉得很没面子"等类似的语言说服着你，让你感到被孤立的压力，于是，你就乖乖地回归大众了。

为了避免被孤立，你做了很多事情，可是并没有让你感到开心，你总感到有些不对劲，有时候，你会问自己"这明明不是我想要的生活""我为什么一定要浪费时间做这些不开心的事情呢？"

当你为这些问题苦恼时，不妨思考一下，你的生活是源自自己的选择吗？自己选择的生活和被迫选择的生活，你从中体会到了什么？这绝对不一样的！如果是你自己的选择，你会积极主动的承担结果，踏实地去做，不会觉得自己在浪费时间；如果是你自己的选择，你会发自内心的渴望见到一个人，不是为了完成任务去和一个人见面。

当你在做某件事，感到被迫而不是发自内心时，你就在按照别人的意愿生活了。

因为害怕被孤立，你选择了从众，这是问题的关键。

长大后，有些人从众是迫于压力，有些人则是源于自我暗示，源于习惯了被安排。他们脑子里总有一个声音"我必须"或者"如果我不这样，就会……"。

如果不丢弃这种思考习惯，就只能一直按照别人的意愿度日了。如果你不愿意活得没有自我，就必须学会反抗，对，就是反抗！反抗之前自己意愿被忽略的规则，为自己的生活建立自己的规则。

反抗初期，你会有些隐隐的担忧，担忧别人怎么看你，担忧父母数落你，可是有什么关系呢？如果不反抗，就要做一辈子的傀儡了，太可怕了。

从现在开始，如果不是自己的意愿，你都可以选择拒绝。不喜欢的娱乐休闲、音乐会或之前你觉得"必须"去做的事情，可以选择不出现。不喜欢的人，也可以不去相亲。别不好意思，别怕自己被孤立，当你有自己的规则后，你会变得更立体，形象更鲜明，不再是一个可以任人揉捏的"橡皮泥"。

你可以设计自己的规则，来满足自己的归属感。比如：你不想和朋友吃喝打麻将浪费时间，但当朋友遇到问题时你可以及时伸出援助之手；你要抓住最近一段时间升职加薪，不想分心谈对象，那就告诉父母你的想法，并给出一个合理的方案，让父母放心；你不想飞几千里去参加朋友的婚礼，可以选择其他的方式把祝福送到。

不管怎么做，目的不是为了与众不同，而是选择适合自己的生活。

不喜欢的工作可以不做，重新考虑工作的方式或提升自己找工作；网络评论上说最佳的结婚年龄是多大，可以不看这些乱七八糟的误导。每个人都是一个独立的个体，没有谁规定什么时候必须做什么事，早到的不一定最好，适合自己的才最完美。

一辈子很长，没有必要太关注别人的看法而忽略了自己。等到年华老去，如果你回首发现自己一辈子都在按照别人的意愿生活，那就再糟糕不过了。所以，一定要弄清楚自己喜欢做什么，什么对自己重要，当然，这不是简单的遵循"快乐原则"，还要考虑一下"我现在喜欢做的事和我想成为的人相符吗？""我选择我负责，我乐意主动负责"。

一定要理性地思考自己的意愿，而不是放任自己，不然就会走向堕落一边。按照自己的意愿做事，朝着自己想成为的人的方

每天当好一个情绪稳定的成年人

向努力，收获的不仅是当下的轻松，还有一生的保证。

你在过谁的生活？"我的！"

按照自己的意愿度日，将会收获不一样的生活！

生活对每个人都同样苛刻

你一直觉得自己是一个幸运儿，从小什么都一帆风顺，成绩不错，恋爱成功，最重要的是嫁给了自己的初恋，这让很多人羡慕。结婚后，你的日子好像也过得不错，子女听话，丈夫事业有成。你每天朝九晚五，清闲有钱，从来没想到会有另外一个女人插足自己的生活，这对你来说简直如晴天霹雳，没有一点点防备，但是事实已经摆在你的眼前，她发来和你丈夫搂搂抱抱的照片，并扬言说他们是真爱。

你突然觉得这么多年的爱情不堪一击，相守十多年的枕边人竟然背叛了自己，觉得自己真的很失败。"我原来一点都不可爱……连他都不要我了。""我为他生儿育女，孝敬老人，他竟然这样对我？！"你几乎要崩溃了，除了通过哭泣和咒骂发泄情绪，除了你承受百般折磨，你不知道自己该做什么。

当你受到伤害的时候，你感到叫天天不应，叫地地不灵，你的情绪很坏，此时发泄情绪很有必要，它能帮助你愈合内心的创伤。

问题不在于发泄情绪，在于当情绪发泄出来后，你会怎么选择。是继续让自己痛苦下去，把自己看成一个受害者而抱怨他人？还是把自己看成一个一无是处的人？还是重新审视自己，思考一下下一步该怎么做？

如果你紧紧揪住痛苦不放，把自己看成一个可怜的受害者，你就会成为一个自怨自艾的人，并会感到全世界的人都亏欠你，你把所有的错误都进行外部归因——都是他们的错！"他们凭什么那样对我？"你一遍一遍地抱怨，却没有任何改变。

如果你把自己看成一无是处的人，"是我不够好，配不上他""我最近没有照顾好他""他工作压力太大了，我帮不上他，我太没有用了"。你把所有的错误都揽在自己身上，责备自己，为此感到惭愧，却仍然对于改变现状没有一点点好处。

不管你将原因归结到外部还是自身，从长远来看，对你改变自己或改变处境来说都没有好处，婚变的痛苦会一直跟随着你。

生活对每一个人都是平等的，不会刻意为难或偏袒谁。当苦难真的来到了，我们需要以这些苦难为跳板，让自己成长起来，而不要永远被它牵着走。虽然主动接受苦难很难受，却是我们成长的契机。

在苦难突然降临的时候，不要失去理智，要记着去体会自己的感受，把它具体描述出来，并通过合理的方式发泄出来。不要刻意隐瞒自己的感受，没有谁嘲笑你面对苦难时不够坚强，你可能需要一些帮助，但是，不管怎么样，将自己的真实感受释放出

每天当好一个情绪稳定的成年人

来很有必要。

宣泄过后，要学会寻找原因。不要去埋怨别人，想一想自己在整个事情中哪些做得好、哪些做得不好。当你认真反思自己在整件事情中的表现时，你已经在成长了。比如：你虽然嫁给了自己的初恋，对感情很认真，但他真的是适合你的人吗？还是因为恋爱失去理智选择嫁给了他？在婚变之前，是不是有些迹象被你忽略了？你能从这段婚姻中学到什么？今后该怎么做才能让你在未来的婚姻中获得成功？当你自问自答地解决完所有的问题后（问题和答案越细致越好），你发现现实也没有你想象的那么惨，从现在起，你可以按照自己的想法去面对和解决问题了。

当你想好了面对问题的方法后，首先要做的是善待自己，擦干自己的眼泪，精心打扮一下自己，给自己买些好吃的，然后再着手解决问题。"往事清零，爱恨随意，我要成全自己""只是被需要，却不重要的婚姻，可以舍弃了"，渐渐的，你的心宽了。你明白感到委屈是不必要的，世上又不止你一个人经历了爱而不得，又不止一个你在经历得而失去的痛苦。看尽花开花谢，见惯人事纷扰，没有谁离不开谁，优雅地放下不失是种智慧。

你所经历的事情，都会成为你的资本，沉淀在你的生活里，支持你以后的道路平安顺遂。

每一个人，在破茧成蝶之前，都要经受痛苦，在这过程中也会遇到各种困难，即使眼泪湿满眼眶，也要记得让自己变得更强大。可以被打倒，却不可以被打败，除非你愿意倒下去。只有经历了苦难，在苦难中去主动成长的人，才能以苦难为梯，迅速成长，成为笑到最后的人。

没有"称心如意"这件事

福无双至祸不单行，最近各种不如意的事情都找上门来；你的文案屡屡被老板毙掉；你的另一半对你不闻不问，你气得不行了，他还在那儿悠闲自在；你孩子的成绩最近也下滑了，家长会老师明确指出是家长没有做好监督；你在洗澡，燃气突然用完了，热水器一直嘟嘟个不停。你终于爆发了"真倒霉！到底都是怎么了？什么事情都和我作对！"

你要相信，不只是你自己是个"倒霉鬼"，每个人都会遇到类似的事情，只是，当很多事情凑巧在你情绪不好的时候发生了，这让你很恼火。

很多事情确实让人不愉快，但是，决定你的个人体验是你对问题的看法，换句话说是你自己得出的结论。

每个人都有自身的局限性，都不可能具备所有的技能，也不太可能预测会发生什么事，而生活中的事情总会发生的。能让自己感觉好一点的办法，不是去改变别人或改变环境，而是改变自己的看法，这是你唯一能做的事。所以，问题不在于每个人都怎么了？而在于是不是我采取的方法不对？

你的文案屡屡被打回来，是不是在与老板沟通的时候出现了问题，导致你没有抓住他表述问题的核心，所以，无论你怎么修改都没有办法让他满意？很多时候，沟通不畅是造成问题的关键。

如果换一种沟通方式，在老板否定你的文案的时候，认真听一下老板表述的重点在哪里，并将他的观点复述给他，以确保你领略了他的意图。如果是格式方面的问题，就更容易解决了，你可以直接问他"以哪一种风格的模板整合材料？"但凡有不懂的地方，一定要及时的询问，并确保沟通成功了，这样，你才能做出让老板满意的文案。

另一半对你不闻不问，确实很令人难过。可是，你有没有想过，他根本就不知道你在难过。你们在一起很久了，每天都是平淡安静地过日子，原本一切都很好，你之前也没有因此对他百般挑剔。只是，最近因为工作方面的原因，你心情不好，回到家后，你期待他能看出你的心情，并给予你安慰。如果他能发现你的情绪，并给了你安慰，你就会觉得他特别懂你，反之，就对他大加否定。

可是，你有没有想过，即使关系再亲密，你俩也不是一个人，如果你不说出来，他将永远不知道你在工作上遇到了难题，你不高兴，你需要他的安慰。原本你只是希望得到对方的安慰，现在又加上"猜"的环节，这分明就是为难对方！为什么不能多一些沟通，直接告诉对方你的状态，或许他还能帮你想想办法，至少他能明白你现在的心情，一定会安慰你的。

孩子的成绩下滑了，不全是你的原因。在开家长会的时候，老师旁敲侧击说你"太放松孩子"，你觉得自己心里不舒服。换角度想一想，老师关心你的孩子，这是很幸运的事情啊。

教育本来就是家庭、学校和社会的共同责任，老师提醒一下家长也无可厚非，你又何必耿耿于怀呢。

如果你最近状态不佳，缺少对孩子的关注，以后多注意就是了。如果你的精力实在不够，可以跟老师说清楚，让老师近期多帮助一下孩子，相信老师一定不会拒绝的。再和孩子沟通一下，询问一下原因，并听听孩子的心声，对于加强亲子沟通也是很好的。

心情不好的时候，你想洗个澡，让自己放松一下。谁知你刚开始洗，燃气没有了，洗发露还没冲干净，这让你很恼火。你觉得燃气公司都在和你做对，热水器也来落井下石。可是，你有没有想过，你已经半年多没交过燃气费了，一个月前你看燃气表的时候发现燃气不多了，一直没有去缴费。因为自己的疏忽，让生活中遇到一点点麻烦也纯属正常。

审视一下你遇到的几个问题，把关注点从慌乱、抱怨和焦躁的状态上转移到有效沟通、提高技能等方面，才能真正解决问题。

当然，每个人都不是圣人，怎能无过？列子还需御风而行，何况我们凡夫，偶尔求助一下他人也是很有必要的。不要责备自己无能，不要羞于开口求助，不要苛求生活一帆风顺。

只需要记住，事情是否称心如意，很多时候，不在于事情本身，而在于你面对事情时的态度。

"还好"并不是真的好

或许你的生活当中会有一个爱而不得的人，让你念念不忘，对于他，你由心动走到心碎，由期待变成了失望，往日的阳光清风都随云而逝，你再无心去试着和另一个人相处。迫于父母的压力，你和一个老乡见了面，双方父母都觉得很好，对方也对你满意，唯独你，没有觉得不好，却总感觉不合心意。

每当有人问你，"过得怎么样？准备什么时候举行婚礼？"时，你总是笑着不知道怎么回答，因为在内心里，你从没有计划过要和这个人结婚，你好像还没有进入到这个关系里。有时候躲不过别人的追问，你只好硬着头皮说"还好""快了，到时候请你喝喜酒"，这样说时，只有你知道你是多么的言不由衷。没有了心有灵犀，没有了唠不完的话题，一切都只是"还好"。

你目前的工作，虽然工作地点比较偏僻，经常加班，工作烦琐，责任重大，老板也比较强势，你的很多想法会没有办法付诸实践，但至少能让你不愁房租，你一时又找不到更好的去处，所以，即便此工作并不能最大限度发挥你的潜力，所以一切都还好。

繁重的工作给你的健康带来了威胁，你每年体检时总会发现一些小问题，亚健康状态已经伴你很久了，幸运的是，还没有重大疾病发生，所以，你感觉还好。

很多事情都是停留在"还好"的程度，这其实隐含着你目前的状态不是你的目标，却是你现在拥有的，所以，它们都还好。

很多事情停留在"还好"的程度，是因为你的心累了，你太忙了，以至你不想或没有时间去思考一切是否真的让你满意。

很多事情停留在"还好"的程度，是因为你不想面对或者刻意逃避困难或逃避内心，所以，拖着不想去做出改变。

很多事情停留在"还好"的程度，是因为你自己害怕改变，懒于进步，才持续保持现在的状态。

当一切都"还好"持续太久时，你会忘了自己的初衷，会忘记那个藏在你身体里的那个追梦少年，换句话说，你的梦想被埋藏了。

有些人一辈子活到八十岁，却在二十岁停止了成长，停留在了"还好"的层面。你说"别吓我，我可不想那么早就老去"。事实上，如果你不警醒，不去追求更好的，不去将"还好"变成"很好"，你的青春也就结束了。

可是，你为什么要心甘情愿地混日子呢？不要去抱怨外因，你知道的，如果你说"不"，你的内因就会起作用！

试想一下，如果你将"还好"持续下去会给自己带来什么。你不主动拒绝，父母就会主动替你张罗，相亲对象会因家人的催促变成你的新娘，虽然你从来没有心动过。当老乡变成未婚妻，再成为妻子后，接下来，就是你自己承受"还好"的婚姻。你们的价值观完全不同，也不了解对方的喜好，饮食喜好不同，爱好差异很大，总之，只要需要两个人去完成的事情，你都觉得很难受。于是，除了迫不得已，你们两个各忙各的，互不干涉，也互不帮扶。你的婚是为别人结的，或者说，结婚的人好像不是你。

如果，你不想要这样的婚姻，那么要趁早说不，或者是换一个人，或者换一个相处方式，至少，要让自己心甘情愿停留在这个关系里，并感到"很好"，这才是你应该做的。

如果你对自己的工作有些不满意，保持原状做下去就会持续"还好"的状态，虽然满足你的基本经济需求，却无法实现你的愿望。如果你选择一直在这个公司工作，那么，你就需要规划一下自己的目标，考虑一下该怎样去发挥自己的才能，让自己的想法得到重视，不然的话，你只会带着抱怨重复劳动。将自己的想法表达出来，让沟通成为有效沟通，让"还好"变成"很好"。

如果你的健康已经敲响警钟了，你依然因为种种原因没有重视，觉得一切"还好"，可是，你有没有想过"如果一直这样下去"，所有的量的积累，会带来质的改变，你的健康就会堪忧了。

所有的"还好"，都隐含着不好的因素，也就是隐患。当你的生活中出现很多"还好"时，就一定要提醒自己做一些改变，换一个思路，让自己成为最好的自己。你值得享受一切更好的！

你唯一控制得了的只有自己

周末朋友聚会，安慰一个至今未遇良人的姑娘，"你一定能找到，那个让你的心静下来的人，从此不再剑拔弩张左右奔突；也一定能找到，那个能让你的心精进起来的人，从此万水千山世世生生"，此话乍听诗意而温暖，让人不免憧憬着在某年某一天遇到这样一个人。

可是，当我们真正沉静下来细想"那人"时，就会发现，真正能让我们"静坐听雨，不问西东"的人只有我们自己——因为，只有自己是唯一一个自己能控制的人。

你忙了一天，回到家，一进门就踩到玩具球上面差点儿摔倒，探头一看丈夫和孩子各自窝在一处玩游戏，房间里乱七八糟，玩具到处都是，当然晚饭肯定也没指望。更气人的是，他们在你叫了几声后依然在玩，根本没有停下来的意思。

你决定不给他们做饭，自己到卧室生闷气，你以为他们会立马追过来问问你怎么了，并表达道歉，可是，你错了，他们根本就没有发现你生气了。直到很晚了，他们感到饿了，才过来询问你"做了什么饭？"你很崩溃，感觉他们都是不知感恩的白眼狼。

你郁闷得想哭，想想从早上到晚上，这一天自己真的太委屈了。早上堵车迟到了两分钟，就两分钟，老板就过来骂了你一顿，并将你已经有头绪的项目给了其他同事。旁观的同事都窃窃私语，议论你是不是得罪领导了。总之，一天下来，你已经完全失控了。

于是，你决定爆发出来。你找到你的丈夫和孩子，站在高高的凳子上，一只手叉着腰，一只手指着他们说"你们俩都看不到吗？从我回来就一直在玩，家里整得乱七八糟，叫你们也不理我，现在饿了来找我，我生来就是伺候你们的吗？你们……"

你狂风暴雨般发泄着，他们两个努力保持着表面的平静，孩子实在听不下去了就借口去了卫生间，你才停下来。

这一切简直太糟了，你感觉什么都不在你的控制范围内，你暗暗下决心找机会一定再给他们"上一课"。

你打电话找好友求救，好友告诉你她正在参加一个亲子关系训练营，她说："问题可能在你身上。""什么？你到底站哪一边？"你问。"我站在理的一边，你冷静一下，想一想，他们两个自始至终都没有要求你必须怎么着，反而是你潜意识里觉得他们应该收拾房间，他们应该发现你上班很辛苦……我们控制不了其他人，能控制的只有我们自己。"她说完挂断了电话。

这就是生活的真相，认清真相后依然热爱生活，才是真正的勇敢。但是，怎么样才能去解决问题呢？答案是合作！

真正做到与别人合作不是一件容易的事，因为，每个人都想按照自己的方式与他人合作，这其实就是在试图控制对方。

当我们寻求合作的相处模式时，就必须放弃自己的固有方式，考虑到所有参与者的想法。比如，你认为家里要整齐洁净，他们可能认为下班了先放松一会儿比较重要，另外，你们对整齐的要求标准也可能不一样，所以，才出现你进家门时的那一幕。

其实，你们就是缺少一个家庭会议，在会议上商量一下家里的卫生问题。在会议上你可以是个总揽全局的人，你们需要事先制定个卫生标准，比如物品要各就各位、地板干净，然后再让每个人选择负责的板块。每天安排不同的人督查当天的卫生工作。这样，每个人的责任划分明确，权力也相应，不但可以让你达到目的，还可以培养每个人的责任感。

林语堂说："在不违背天地之道的情况下，成为一个自由快乐的人。"说得有点深奥了，意思就是，当你不去在意得失名利，不要去较真谁对谁错时，生活就变简单了，矛盾就消失了。

一个过得极简的朋友说，两个人一起吃饭，一起散步，再偶尔一起看看电影，就是幸福。她说"我们没有谁控制谁，两个人一起就是两个人的合作、就是相互欣赏"。

复旦大学名师陈果也说：高质量的朋友在一起，什么也不说，安静地陪伴而不觉得尴尬，就是高质量的朋友。

每个人都生而自由，一群生而自由的人在一起，却可能出现相互牵制，相互妥协，但没有谁能完全控制谁，我们能控制的只有我们自己。

别人不会像家人一样迁就你

三十几岁的年轻人大都是"80后"。"80后"是彰显个性的一代，也是最为任性的一代。由于出生特殊的时代背景，不论男孩还是女孩，"80后"都有任性的特点。因为多数"80后"都是独生子女，有的父母还不在身旁，由爷爷奶奶一辈的老人们来照顾。这使得他们在家里受到了过多的娇惯、溺爱和迁就，天长日久，就养成了任性的性格。这种现象在社会上非常普遍，慢慢地，便形成了这代人的总体性格特征。同时，这个特征也间接地导致了部分"80后"的做事能力差，做错了还奢望别人迁就自己，原谅自己。如果不被原谅，就要么赌气不做，要么辞职不干。

大学毕业后，小高就顺利进入了一家外企在广州设立的办事处。工作不太忙，公司还送她去学习报关和相关物流培训班充电。不菲的薪水，较大的发展空间，令很多同学羡慕不已。小高渐渐骄傲起来，对销售人员乃至部门经理安排的事情，要么是有选择性地做，要么就忘在脑后，态度甚至有点傲慢。好在总经理以"男士要有绅士风度，不要跟女孩子计较"为由，让男同事礼让小高几分。

小高和几个同事一起去参加北京的展会，开展当天，由小高负责的好几个文档都落在了家里，忘记拿了，几个同事不满说了她几句。回广州后，小高竟赌气递上辞呈，总经理为稳定团队，挽留了她，小高因赢得"胜利"而得意扬扬。可没承想此后，递辞呈成了小高的"撒手锏"，一有不如意就赌气辞职。后来，总经理终于在辞职信上签名准许，看着弄假成真，小高叫苦不迭。"我知道很难再有上司像总经理那么宽容，是我自己没有珍惜机会，我的任性，对于总经理的宽容大度来说，也是一种伤害和辜负。"小高现在后悔莫及。

人这一生，除了家人以外，任何人都没有义务迁就你。家人的迁就，那是一种宽容，是一种无私的爱，哪怕你做得再不对，他们也会原谅和包容你。只因为这是一种亲情，而这亲情的存在让他们不计一切地迁就你。

当然，生活中还有一些人会迁就你，那就是对你有所图的人。如果你在一定的位置上，有一定的权力，就会有人迁就你，但那也只是暂时的。

有一位年轻的名牌大学的毕业生，在领导面前是红人。身边的人天天都围着他转，指望着他在领导面前说几句好话，而他也习惯于依赖别人，工作上出差错，平时上班迟到，除了领导也没人敢说他，一直迁就他。后来，换了领导，他不再受重用，如昨日的黄花一样被晾在一边，而那些昔日围着他转的人也对他冷淡下来。一次，他又迟到了，单位里管考勤的人毫不留情地给他记了迟到，而这在以前是没有的事。他一下子感觉到很委屈，失意到了极点，最后辞职不干了。

年轻人在社会上行走，不要过多地希望别人迁就你。要一切靠自己，尽心尽力地做好每件事，把握好自己的一切，这样自己也不会受到伤害。

少一分书生意气，多一分入世心态

北宋大文豪苏东坡曾自嘲"一肚子不合时宜"，意即自己的书生气太重。所谓书生气，就是指一个人过于认真，再带一点点天真。由于儒家的入世思想在我国根深蒂固，讲究经世致用、八面玲珑，书生气不合时宜似乎是几千年来的定论。

一定程度上，有书生气的人都是性情中人，他们不会装腔作势、装模作样，只做自己感兴趣的事。他们对兴趣的偏好没有太多的目的性，有感而发，倾情而动，全凭兴致，不顾后果。

书生气在表现形式上有多种多样，具体表现有不入流、迂腐不化、固执己见、不懂世故、虚多实少等。其实，有书生气并不完全是坏事，我们每个人刚刚踏入社会的时候，都多多少少会有一些书生气，是社会这个巨大的砂轮磨平了我们的棱角，使我们不得不在现实面前学会改变自己。一般来说，有书生气的人都是理想主义者，当现实无法实现自己的愿望时，他们大都会借助理想去表达自己的感怀，一展自己的抱负，他们不希望自己在现实面前完全被吞没。但书生气又不宜太过，过了，就会与现实发生碰撞，如果处理不好这一矛盾，就可能被撞得头破血流。

如果在校园中，你的书生意气重些关系不大，不会对你的学业造成影响。但进入社会后，就要想办法让自己成熟起来，要是还保持书生意气，不能尽快入世，势必对自己的发展不利。那么，怎样才能让自己成为一个成熟的人呢？

1. 不斤斤计较

成熟的人不斤斤计较，不贪图小便宜，不在乎吃点小亏，不喋喋不休地抱怨这抱怨那。他们的眼光从不被琐碎事务绊住，对于人与人之间的小矛盾，他们经常是大事化小、小事化了。

2. 重视诺言

成熟的人绝对不会出尔反尔，他对自己的每个承诺都相当重视，在许诺之前考虑周全，自己的话是否真能兑现，不能兑现的话他决不说，言出必践。他的每一句话都让你觉得放心、可信任。

3. 不夸夸其谈

成熟的人从不随随便便高谈阔论，他会保持适当的沉默，说话声音清晰但不乱嚷。随便喝点酒就把自己的小经历、小故事拿来满桌子大讲，不用喇叭满屋人就都能听见的人，最多博听众一笑，谁也不会把他那五花八门的所谓"奋斗之路"放在心里。

4. 有才华却不张扬

一个年轻人要想尽快成熟，就需要养成多读书的习惯，用知识来填充自己的头脑。有时间要多看书，做一个有修养的人，而不是把时间浪费在滑稽怪诞的事情上。成熟的人会不断地丰富自己的内涵。但他们不张扬，他们的才华只在必需的时候才展现出来，绝不会为了满足虚荣心去刻意卖弄。他们如醇厚的酒，越品越有味道。

5. 宽容待人

一般说来，当一个社会形成了一种宽容的气氛时，就会变得充满生机。在这样一个竞争日益激烈的社会中，最要紧的是宽容，是用善心待人，原谅别人偶然的过失，即使是犯有大错的人，也要温和地规劝，给其改正的机会。

6. 懂得换位思考

有一句名言说，如果我们只站在自己的角度看问题，那么我们永远不知道别人在想什么。这个世界上，有很多问题，站在自己的角度去思考可能永远不能了解或解决，而换个角度去思考就会有一个全新的答案。

所以，我们在说话办事时，不妨选择一个好的角度。有一个好的角度，就有了成功的一半；但若选择了一个坏的角度，就会导致失败。

既然无法改变，那就去适应

在生活中，我们不能控制所有事情。当那些我们不能掌控的事情发生时，我们应该首先做到承认它的存在，然后才有可能面对它，进一步来改变自己的生活。这是一种积极的人生策略。

一个人嗜酒如命且毒瘾甚深，有好几次差点儿把命都送了，在酒吧里因看不顺眼一位酒保而杀人被判死刑。

这个人有两个儿子，年龄相差一岁。其中一个跟父亲一样有很重的毒瘾，靠偷窃和勒索为生，也因犯了杀人罪而坐牢。另外一个儿子就不一样了，他担任了一家大企业的分公司经理，有美满的婚姻，有三个可爱的孩子，既不喝酒也不吸毒。

为什么拥有同一个父亲，在完全相同的环境下长大，两个人却有着不同的命运？一次访问中，记者问起造成这种现状的原因，两个人竟是同样的答案："有这样的父亲，我还能有什么办法？"

在生活中，我们总是说有什么样的环境就有什么样的人生。这实在是再荒谬不过了。影响我们人生的绝不仅仅是环境，而是我们对这一切所持有的态度。面对人生逆境或困境时所持的态度，比任何事都来得重要。

美国著名的哲学家威廉·詹姆斯说过："要乐于承认事情就是这样的。"他说："能够接受发生的事实，就能克服随之而来的任何不幸的第一步。"正如杨柳承受风雨、水适于一切容器一样，我们也要承受一切不可逆转的事实。

在一次战争中，玛丽失去了她的侄子，这个她在世上唯一的亲人，悲伤击垮了她。以前，她总觉得上帝待她不薄——她有一份喜欢的工作，她收养的侄子也是一个年轻有为的青年。不想却收到这样的电报。她的整个世界垮了。为什么她钟爱的侄子会死？这么好的孩子，灿烂的前景就在他面前，为什么会被打死？她实在无法接受，她悲伤过度，决定放弃工作，找个地方医治伤痛。

她把桌子收拾干净，准备辞职，突然，她无意中看到一封信，正是侄子写来的，是几年前玛丽的母亲去世时他寄给玛丽的。他在信中说："当然，我们都会怀念她，特别是你，但我知道你会挺过去的。你有自己的人生哲学。我永远不会忘记你教导我做人的真理，无论我在任何地方，我总记得你教我要像个男子汉，微笑迎接到来的命运。"

玛丽又回到桌前，收起愁苦，告诉自己："已经发生了，我不能改变它，但是我可以做到他所期望的。"她把自己完全投入工作中去。她开始给别的战士们写信。晚上她参加成人教育班，试图找到新的爱好，结交新的朋友。一段时间后，她几乎不敢相信自己的改变，哀伤已经完全离她而去。

人这一生中，肯定会碰到一些令人不快的事情，但是事情既然已经发生了，就无法改变，它们既然不可改变，我们需要做的就是把它当成一种客观存在而去接受，并适应它，否则，它会毁掉我们的生活。

几十年来，莎拉一直是各大剧院里独一无二的"皇后"——全美国观众喜爱的一位女演员。后来，她在71岁那年破产了——所有的钱都没了，而且她的医生、巴黎的伯兹教授告知她必须把腿锯掉。事情是这样的：

她在横渡大西洋的时候遇上了暴风雨，摔倒在了甲板上，她的腿伤很重，还患有静脉炎，医生诊断她的腿一定要锯掉。这位医生不太敢把这个消息告诉莎拉，他觉得，这个可怕的消息一定会使莎拉大为恼火。可是他错了，莎拉看了他一会儿，然后很平静地说："如果非这样不可的话，那就只好这样了。"

　　当她被推进手术室的时候，她的儿子站在旁边伤心地哭泣。她朝他挥了挥手，高高兴兴地说："不要走开，我马上回来。"

　　在去手术室的路上，她一直背着她演出的一出戏里的台词。有人问她这么做是不是为了提起自己的精神，她说："不，是要让医生和护士们高兴，他们承受的压力可大得很呢。"

　　当手术完成，恢复健康之后，莎拉继续环游世界，使她的观众又为她痴迷了七年。

　　人生之路充满了许多未知的因素，当我们面对无法更改的现实时，明智的做法就是承认它的存在，并做出积极乐观的反应，这才是一种可取的态度。许多年轻人面对不可改变的环境，总是不停地抱怨，这样是解决不了问题的。

　　不敢面对现实是弱者的行为，它会让你在现实面前越来越乏力，最后被生活所控制，失去自我，也失去了人生的乐趣。承认已经发生的不幸需要勇气，但是只要你做到了，你的人生就会是另外一番景象。

摒弃"怀才不遇"的想法

"怀才不遇"的人大有人在，这种人牢骚满腹，喜欢批评，一副郁郁不得志的样子。和这种人打交道，往往比较累，运气不好的时候，还会被他冷嘲热讽一番。

在自认为"怀才不遇"的人中，有的根本是自我膨胀的庸才，其之所以无法受到重用，是因为他们无能，而不是别人的嫉妒。但他们并没有认识到这个事实，反而认为自己怀才不遇，到处发牢骚、吐苦水。他们并没有什么可骄傲的资本，只是想当然地高看自己一眼；或者用自己的长处跟别人的短处比，永远得不出客观的结论。

但是，也有一种人，真的有才干，但因为无法与客观环境配合，"英雄无用武之地"，但为了生活，又不得不屈就，所以痛苦不堪。

难道有才的人都会这样吗？不是的，虽然有时千里马无缘见伯乐，但他们遭遇坎坷的原因主要是自己造成的。因为这种人常自视过高，看不起能力、学历比他低的人。可是社会上的事很复杂，并不是你有才就可得其所用。

不管有才或无才，经常抱怨"怀才不遇"的人，是让人无法欣赏的。因为你若一听他谈话，他就会批评同事、主管、老板，跟别人唱反调，好像他自己有多了不起似的。结果呢？"怀才不遇"感觉越强烈的人，越把自己孤立，无法融入社会。每个人都不愿跟这种人打交道，人人视之为"怪物"，敬而远之。除非他改变自己，否则将永远无法出头。

沈磊在某重点高中读书，并且考入南京一流学府的热门专业。在读书年代，沈磊可谓是一帆风顺，也得到同龄人和他们家长的羡慕。但这些优势，却没有在择业时派上用场。沈磊进的第一家公司是一家初创不久的 IT 企业，作为一名在研发上独具天赋的名校学子，在这样的企业势必不能得到更好的职业熏陶和技能栽培。当沈磊发觉公司的很多做法都不科学，人员水平普遍低下的时候，他便对这家公司再无好感，因为他学不到自己希望学到的东西。

在有了这样一个不成功的一年工作经验后，沈磊跳槽去了另一家 IT 企业，但是经过三个月的亲身经历，他发现这家公司在实质上跟上一家一模一样，而且似乎比那家更糟。屡受打击的沈磊到这时才发现自己真的掉入了一个怪圈之中。看着以往的同学在大企业中做得有模有样，拿着自己几倍的薪水不说，还有一个异常光明的前途，他觉得自己真是"怀才不遇"。

像沈磊这样的年轻人在现实生活中为数不少，时间长了，自己觉得干得也很无聊，因此有的辞职了，有的则在原单位继续"怀才不遇"下去。

要想改变"怀才不遇"的现状，你可以尝试着从以下几个方面做起，相信事情会有所改变。

1. 正确地评估自己的能力

先做自我能力评估，看是不是自己把自己估计得太高了。如果觉得自己评估自己不是很客观，可以找朋友和较熟的同事替你分析一下，如果别人的评估比你自我的评估还要低，那么你要虚心接受。

2. 分析"怀才不遇"的原因

分析自己的能力无法施展的原因何在，是一时没有恰当的机会还是受大环境的限制？有没有人为的阻碍？如果是机会问题，那就继续等待；如果是大环境的缘故，那就要考虑改变一下现有的环境，寻求更好的发展空间；如果是人为因素，那就要诚恳沟通，并想想是否有做得欠妥之处，有，就要想办法沟通、化解。

3. 建立良好的人际关系

在职场上，尽量不要让自己成为别人厌恶的对象，而要以你的才干积极地去协助其他同事出色地做好工作。但要记住，帮助别人切不可居功，否则会吓跑你的同事。此外，谦虚、客气、广结善缘，这些都将会为你带来意想不到的收获。

总之，年轻人一定要摒弃"怀才不遇"的心理，因为这会成为你思想上的负担。谨慎地做你该做的事，就算是大材小用，也是快乐的。

成年人的世界，不要随意张扬个性

很多人都认为个性很重要，特别是年轻人，他们最喜欢谈的就是张扬个性。他们最喜欢引用的格言是：走自己的路，让别人去说吧！时下的种种媒体，包括图书、杂志、电视等也都在宣扬个性的重要性。我们可以看到许多名人都有非常突出的个性。爱因斯坦在日常生活中非常不拘小节，巴顿将军性格极其粗野，画家凡·高是一个缺少理性、充满了艺术妄想的人。

名人因为有突出的成就，所以他们许多怪异的行为往往会被广为宣传，有些人甚至产生这样的错觉：怪异的行为正是名人和天才人物的标志，是其成功的秘诀。我们只要分析一下，就会发现这种想法是十分荒谬的。

四年前，刘冰毕业于中国一所名校的计算机系，那时，他是一个追求独特个性，充满了抱负和野心的年轻人。他崇拜比尔·盖茨和斯蒂文·乔布斯这两个电脑奇才，追随他们不拘一格的休闲穿衣风格，他相信"人真正的才能不在外表，而在大脑"。对那些为了寻求工作而努力装扮自己的人，他嗤之以鼻。他不仅穿着牛仔裤、T恤，还穿了一双早已过时的鸭舌口黑布鞋，他认为自己独特的抗拒潮流又充满叛逆性格的装束，正反映了自己有独特创造性的思想和才能。

一次，他穿着自己那套"潇洒"的"盖茨"服，外加上"性格宣言"的黑布鞋去面试。在他进入面试的会议室时，看到有五六个人，全部是西服正装。他们看起来不但精明强干，而且气势压人。他那不修边幅的休闲装，显得如此与众不同、格格不入，巨大的压力和相形见绌的感觉使他恨不能找个地缝钻进去。他没有勇气再进行下去，最后放弃了面试的机会。他说："我的自信和狂妄一时间全都消失了。我明白了一个道理，我还不是比尔·盖茨。"

名人确实有突出的个性，但他们的这种个性往往表现在才华和能力之中。正是他们的成就和才华，使他们特殊的个性得到了社会的肯定。如果是一般人，一个没有多少本领的人，他们的那些特殊行为可能只会遭到别人的嘲笑。

如今，职场上追求个性的人越来越多，那些才华出众的人，尤其喜欢张扬自我，不愿放弃自己的主张与见解，错了都不肯低头。如此鲜明的个性，让人无法接受，对自己的发展也相当不利。

盲目追求个性的人都有一种想表现自己与众不同的想法。在实际生活工作中不难看到这样的现象，有人对一些不听指挥、顶撞上级或身陷困境仍然执迷不悟的顽固分子，称赞其"有个性"。也有人为了展示自己独特的个性，固执地坚持自己错误的观点或是做一些意想不到的事。他们最终的目的，就是为了表现自己的与众不同。

推崇个性，不等于不要尺度。如果时时、处处、事事都特立独行，脱离群体，在世人的眼中便是"怪物"。如果连群体都不能容纳你，起码的交流和生活都成问题，根本就没有成功的可能。

因此，当我们张扬个性的时候，必须明白我们张扬的是什么，必须注意到别人的接受程度。如果你的这种个性是一种非常明显的缺点，你最好还是把它改掉，而不是去张扬它。

社会需要的是生产型的个性，只有你的个性能融合到创造性的才华和能力之中，你的个性才能够被社会接受，如果你的个性没有表现为一种才能，仅仅表现为一种脾气，它只能给你带来不好的结果。

在生活中，随意张扬个性，常常给自己带来不必要的麻烦，甚至会让自己吃亏。所以，我们最好还是聪明一些，尽可能与周围的人协调一些，这才是智慧的表现。

第二章

世界非你所愿，却也理所当然

人生没有绝对的公平，只有相对公平

在现实中，我们难免要遭遇挫折与不公正的待遇，每当这时，有些人往往会产生不满，不满通常会引发牢骚，希望以此引起更多人的同情，吸引别人的注意力。从心理角度上讲，这是一种正常的心理自卫行为。但这种自卫行为同时也是许多人心中的痛，牢骚、抱怨会削弱责任心，降低工作积极性，这几乎是所有人为之担心的问题。

通往成功的征途不可能一帆风顺，遭遇困难是常有的事。事业的低谷、种种的不如意让你仿佛置身于荒无人烟的沙漠，没有食物也没有水。这种漫长的、连绵不断的挫折往往比那些虽巨大但却可以速战速决的困难更难战胜。在面对这些挫折时，许多人不是积极地去找一种方法化险为夷，绝处逢生，而是一味地急躁，抱怨命运的不公平，抱怨生活给予的太少，抱怨时运的不佳。

奎尔是一家汽车修理厂的修理工，从进厂的第一天起，他就开始喋喋不休地抱怨，"修理这活儿太脏了，瞧瞧我身上弄的""真累呀，我简直讨厌死了这份工作了"……每天，奎尔都是在抱怨和不满的情绪中度过。他认为自己在受煎熬，在像奴隶一样卖苦力。因此，奎尔每时每刻都窥视着师傅的眼神与行动，稍有空隙，他便偷懒耍滑，应付手中的工作。

转眼几年过去了，当时与奎尔一同进厂的 3 个工友，各自凭精湛的手艺，或另谋高就，或被公司送进大学进修，独有奎尔，仍旧在抱怨中做他讨厌的修理工。

　　抱怨的最大受害者是自己。生活中你会遇到许多才华横溢的失业者，当你和这些失业者交流时，你会发现，这些人对原有工作充满了抱怨、不满和谴责。要么就怪环境条件不够好，要么就怪老板有眼无珠，不识才……总之，牢骚一大堆，积怨满天飞。殊不知这就是问题的关键所在——吹毛求疵的恶习使他们丢失了责任感和使命感，只对寻找不利因素兴趣十足，从而使自己发展的道路越走越窄。他们与公司格格不入，变得不再有用，只好被迫离开。如果不相信，你可以立刻去询问你所遇到的任何 10 个失业者，问他们为什么没能在所从事的行业中继续发展下去，10 个人当中至少有 9 个人抱怨旧上级或同事的不是，绝少有人能够认识到，自己之所以失业的真正的原因在于自己。

　　提及抱怨与责任，有位企业领导者一针见血地指出："抱怨是失败的一个借口，是逃避责任的理由。爱抱怨的人没有胸怀，很难担当大任。"仔细观察任何一个管理健全的机构，你会发现，没有人会因为喋喋不休的抱怨而获得奖励和提升。这是再自然不过的事了。想象一下，船上水手如果总不停地抱怨：这艘船怎么这么破，船上的环境太差了，食物简直难以下咽，以及有一个多么愚蠢的船长……这时，你认为，这名水手的责任心会有多大？对工作会尽职尽责吗？假如你是船长，你是否敢让他做重要的工作？

如果你受雇于某个公司，就发誓对工作竭尽全力、主动负责吧！只要你依然还是整体中的一员，就不要谴责它，不要伤害它，否则你只会诋毁你的公司，同时也断送了自己的前程。如果你对公司、对工作有满腹的牢骚无从宣泄时，做个选择吧。一是选择离开，到公司的门外去宣泄，当你选择留在这里的时候，就应该做到在其位谋其政，全身心地投入工作中，为更好地完成工作而努力。记住，这是你的责任。

一个人的发展往往会受到很多因素的影响，这些因素有很多是自己无法把握的，工作不被认同、才能不被发现、职业发展受挫、上司待人不公、别人总用有色眼镜看自己……这时，能够拯救自己走出泥潭的只有忍耐。比尔·盖茨曾告诫初入社会的年轻人："社会是不公平的，这种不公平遍布于个人发展的每一个阶段。"在这一现实面前，任何急躁、抱怨都没有益处，只有坦然地接受现实并战胜眼前的痛苦，才能使自己的事业有进一步发展的可能。

生命中的痛苦是盐，它的咸淡取决于盛它的容器

每个人的生命都是完整的。你的身体可能有缺陷或者残缺，但你仍然可以拥有一个完整的人生和幸福的生活。这才是对待生

每天当好一个情绪稳定的成年人

命的正确态度。

1967 年的夏天，对于美国跳水运动员乔妮来说是一段伤心的日子，她在一次跳水事故中身负重伤，全身瘫痪，只剩下脖子以上可以活动。

乔妮哭了，她躺在病床上彻夜难眠。她怎么也摆脱不了那场噩梦，跳板为什么会滑？为什么她会恰好在那时跳下？不论家人怎样劝慰，她总认为命运对她实在不公。出院后，她叫家人把她推到跳水池旁，注视着那蓝莹莹的水面，仰望那高高的跳台。她再也不能站立在光洁的跳板上了，那温柔的水再也不会溅起朵朵美丽的水花拥抱她了，她又掩面哭了起来。从此她被迫结束了自己的跳水生涯，离开了那条通向跳水冠军领奖台的路。

她曾经绝望过，但现在，她拒绝了死神的召唤，开始冷静思索人生意义和生命的价值。她借来许多介绍前人如何成才的书籍，一本一本认真地读了起来。她虽然双目健全，但读书也是很艰难的，只能靠嘴衔根小竹片去翻书，劳累、伤痛常常迫使她停下来。休息片刻后，她又坚持读下去。通过大量的阅读，她终于领悟到：我是残疾了，但许多人残疾了之后，却在另一条道路上获得了成功，他们有的成了作家，有的创造了盲文，有的创造出美妙的音乐，我为什么不能？于是，她想到了自己中学时代喜欢画画。我为什么不能在画画上有所成就呢？这位纤弱的姑娘变得坚强、自信起来了。她捡起了中学时代曾经用过的画笔，用嘴衔着，开始了练习。

这是一个常人难以想象的艰辛过程。家人担心她累坏了，于是纷纷劝阻她："乔妮，别那么死心眼了，哪有用嘴画画的，我们会养活你的。"可是，他们的话反而激起了她学画的决心，"我怎么能让家人一辈子养活我呢？"她更加刻苦了，常常累得头晕目眩，甚至有时委屈的泪水把画纸也淋湿了。为了积累素材，她还常常乘车外出，拜访艺术大师。好些年头过去了，她的辛勤劳动没有白费，她的一幅风景油画在一次画展上展出后，得到了美术界的好评。后来，乔妮决心涉足文学。她的家人及朋友们又劝她了，"乔妮，你绘画已经很不错了，还搞什么文学，那会更苦了你自己的"。她没有说话，想起一家刊物曾向她约稿，要谈谈自己学绘画的经过和感受，她用了很大力气，可稿子还是没有完成，这件事对她刺激太大了，她深感自己写作水平差，必须一步一个脚印地去学习。

这是一条通向光荣和梦想的荆棘路，虽然艰辛，但乔妮仿佛看到艺术的桂冠在前面熠熠闪光，等待她去摘取。

是的，这是一个很美的梦，乔妮要圆这个梦。终于，又经过许多艰辛的岁月，这个美丽的梦终于成了现实。1976年，她的自传《乔妮》出版并轰动了文坛，她收到了数以万计的热情洋溢的信。又两年过去了，她的《再前进一步》一书又问世了，该书以作者的亲身经历，告诉所有的残疾人，应该怎样战胜病痛，立志成才。后来，这本书被搬上了银幕，影片的主角就是由她自己扮演，她成了青年们的偶像，成了千千万万个青年自强不息、奋进

每天当好一个情绪稳定的成年人

不止的榜样。

乔妮是好样的，她用自己的行动向我们说明了这样一个道理：你的生命没有残缺，无论你的命运面临怎样的困厄，它们也丝毫阻止不了你实现自己的人生价值，相反，它们会成为你人生道路中一笔宝贵的精神财富。

要么庸俗，要么孤独

成就大业者在其创业初期，都是能耐得住寂寞的，古今中外，概莫能外。门捷列夫的化学元素周期表的诞生，居里夫人的镭元素的发现，陈景润在哥德巴赫猜想中摘取的桂冠等，都是他们在寂寞、单调中扎扎实实做学问，在反反复复的冷静思索和数次实践中获得的成就。每个人一生中的际遇肯定不会相同，然而只要你耐得住寂寞，不断充实、完善自己，当际遇向你招手时，你就能很好地把握，获得成功。被誉为中国邮政"马班邮路"忠诚信使的王顺友就是这样一个甘于寂寞、耐得住寂寞的人。

王顺友，四川省凉山彝族自治州木里藏族自治县邮政局投递员，全国劳模，2007 年"全国道德模范"的获得者。他一直从事着一个人、一匹马、一条路的艰苦而平凡的乡邮工作。邮路往返里程 360 公里，月投递两班，一个班期为 14 天，22 年来，他送邮行程达 26 万多公里，相当于走了 21 个二万五千里长征，相当于围绕地球转了6圈！

　　王顺友担负的马班邮路，山高路险，气候恶劣，一天要经过几个气候带。他经常露宿荒山岩洞、乱石丛林，经历了被野兽袭击、意外受伤乃至肠子被骡马踢破等艰难困苦。他常年奔波在漫漫邮路上，一年中有330天左右的时间在大山中度过，无法照顾多病的妻子和年幼的儿女，却没有向上级单位提出过任何要求。

　　为了排遣邮路上的寂寞和孤独，娱乐身心，他自编自唱山歌，其间不乏精品，像《为人民服务不算苦，再苦再累都幸福》等等。为了能把信件及时送到群众手中，他宁愿在风雨中多走山路，改道绕行以方便沿途群众。他还热心为农民群众传递科技信息、致富信息，购买优良种子。为了给群众捎去生产生活用品，王顺友甘愿绕路、贴钱、吃苦，受到群众的交口称赞。

　　20余年来，王顺友没有延误过一个班期，没有丢失过一个邮件，没有丢失过一份报刊，投递准确率达到100%，为中国邮政的普遍服务作出了最好的诠释。

　　王顺友是成功的，因为他耐住了寂寞，战胜了自己。耐得住寂寞，是所有成就事业者共同遵循的一个原则。它以踏实、厚重、沉思的姿态作为特征，以严谨、严肃、严峻的面目，追求着一种人生的目标。当这种目标价值得以实现时，不是喜形于色，而是以更寂寞的人生态度去探求实现另一奋斗目标的途径。而浮躁的人生是与之相悖的，它以历来不甘寂寞和一味追赶时髦为特征，有着一种强烈的功利主义驱使。浮躁的向往，浮躁的追逐，只能产出浮躁的果实。这果实的表面或许是绚丽多彩的，却并不具有实用价值和交换价值。

耐得住寂寞是一种难得的品质，不是与生俱来，也不是一成不变，它需要长期的艰苦磨炼和凝重的自我修养、完善。耐得住寂寞是一种有价值、有意义的积累，而耐不住寂寞是对宝贵人生的挥霍。

一个人的生活中总会有这样那样的挫折，会有这样那样的机遇，只要你有一颗耐得住寂寞的心，用心去对待、去守望，成功就一定会属于你。

学会放弃，便是学会了成熟

人生就像一场旅行，在行程中，你会用心去欣赏沿途的风景，同时也会接受各种各样的考验，这个过程中，你会失去许多，但是，你同样也会收获很多，因为，失去是另一种获得。

有一位住在深山里的农民，经常感到环境艰险，难以生活，于是便四处寻找致富的好方法。

一天，一位从外地来的商贩给他带来了一样好东西，尽管在阳光下看去那只是一粒粒不起眼的种子。但据商贩讲，这不是一般的种子，而是一种叫作"苹果"的水果的种子，只要将其种在土壤里，两年以后，就能长成一棵棵苹果树，结出数不清的果实，拿到集市上，可以卖好多钱呢！

欣喜之余，农民急忙将苹果种子小心收好，但脑海里随即涌现出一个问题：既然苹果这么值钱、这么好，会不会被别人偷走呢？于是，他特意选择了一块荒僻的山野来种植这种颇为珍贵的果树。

经过近两年的辛苦耕作，浇水施肥，小小的种子终于长成了一棵棵苗壮的果树，并且结出了累累硕果。

这位农民看在眼里，喜在心中。嗯！因为缺乏种子的缘故，果树的数量还比较少，但结出的果实也肯定可以让自己过上好一点儿的生活。

他特意选了一个吉祥的日子，准备在这一天摘下成熟的苹果，挑到集市上卖个好价钱。当这一天到来时，他非常高兴，一大早便上路了。

当他气喘吁吁爬上山顶时，心里猛然一惊，那一片红灿灿的果实，竟然被外来的飞鸟和野兽们吃了个精光，只剩下满地的果核。

想到这几年的辛苦劳作和热切期望，他不禁伤心欲绝，大哭起来。他的财富梦就这样破灭了。在随后的岁月里，他的生活仍然艰苦，只能苦苦支撑下去，一天一天地熬日子。不知不觉之间，几年的光阴如流水一般逝去。

一天，他偶然来到了这片山野。当他爬上山顶后，突然愣住了，因为在他面前出现了一大片茂盛的苹果林，树上结满了累累硕果。

这会是谁种的呢？他思索了好一会儿才找到了答案：这一大片苹果林都是他自己种的。

几年前，当那些飞鸟和野兽在吃完苹果后，就将果核吐在了旁边，经过几年的生长，果核里的种子慢慢发芽生长，终于长成了一片更加茂盛的苹果林。

现在，这位农民再也不用为生活发愁了，这一大片林子中的苹果足以让他过上幸福的生活。

从这个故事当中我们可以看出，有时候，失去是另一种获得。花草的种子失去了在泥土中的安逸生活，却获得了在阳光下发芽微笑的机会；小鸟失去了几根美丽的羽毛，经过跌打，却获得了在蓝天下凌空展翅的机会。人生总在失去与获得之间徘徊。没有失去，也就无所谓获得。

一扇门如果关上了，必定有另一扇门打开。你失去了一种东西，必然会在其他地方收获另一种东西。关键是，你要有乐观的心态，相信有失必有得，要舍得放弃，正确对待你的失去。

不只是你从贫穷中长大

有的人，别人看他离幸福很远，他自己却时时与快乐邂逅。虽然我们无法改变自己目前的境况，但我们可以改变自己创造未来的心态。没了工作不要紧，但不能没有快乐，如果连快乐都失去了，那人生将是一片黑暗而没有边际的森林。快乐是人的天性的追求，开心是生命中最顽强、最执着的律动。

在贫穷面前，我们不必抬不起头，金钱给予我们的只是我们所需要的一小部分，我们还有很多值得追求的东西，物质上的贫穷并不代表人生的贫乏。而且贫困往往只是眼下的，因为你永远有选择现在就动手改变的机会。

贫穷与暂时的负债对懦弱的人会产生一股强大的摧毁力，而意志坚定的人却认为是对自己的磨炼。

拿破仑是科西加人，他的父亲虽然很高傲，但是手头非常拮据。幼时，他父亲令他进入贝列思贵族学校。校中的同学大都恃富而骄，讥讽家境清寒的同学，所以拿破仑常受同学们的欺侮。他起初逆来顺受，竭力抑制自己的愤怒，但同学们的恶作剧愈演愈甚，他终于忍无可忍，于是函请父亲准他转学，希望脱离这可怕的环境。可是他的父亲来信回复他说："你仍需留在校中读书。"他不得已，只能忍受，饱尝了 5 年的痛苦。他每次遇到同学们的侮辱性的嘲弄，不但没有意志消沉，反而增强了他的决心，准备将来战胜这些卑鄙的纨绔子弟。

当拿破仑 16 岁任少尉的那年，父亲不幸去世，在他微薄的薪俸中，尚需节省一部分钱来赡养他的母亲。那时，他又接受差遣，需长途跋涉，到凡朗斯的军营服役。到了部队，眼见伙伴们大都把闲余的光阴虚掷在狂嫖滥赌上，拿破仑知道自己绝不会和他们一样。他想要甩掉这顶贫穷的帽子，改变自己的命运。好在他尚不具有翩翩的风度，无从追求女人；囊中羞涩，更不能使他有一掷千金的豪兴。他把他闲余的光阴，全放在读书上。他早有了理想的目标，他在艰苦的环境中埋首研习，数年的工夫，积下来的笔记后来整理出来，竟有四大箱子。

这时，他已设想他自己是一个总司令，他绘制了科西加岛的地图，并将设防计划罗列图上，根据数学的原理，精确计算。于是，他崭露头角，为长官所赏识，派他担任重要的工作，从此青云直上。其他的人对他的态度大大改观，从前嘲笑他的人，反而接受他指挥，奉承唯恐不及；轻视他的人，也以受他稍一顾盼为荣；揶揄他是一个迂儒、毫无出息的人，也对他虔诚崇拜。

拿破仑的成功，固然是因为他的天才和学识修养，但最重要的还是他的坚强的意志。他的意志，是在艰苦环境中磨砺出来的，假若他不受同学们难堪的侮辱，或他父亲允许他退学，不受冷酷无情的折磨，但如此一来不经历风雨，他也就可能不会成为世界上人人皆知的拿破仑皇帝。

困苦的环境，固然可以磨砺你的志气，但也可消沉你的志气。你如不战胜环境，环境便战胜你。你因为受了冷酷无情的打击，便妄自菲薄，以为前途绝无希望，听任命运的摆布，那么你的结局与命运将无声无息。

而拿破仑绝不是这样，他认为世界上没有不可改造的环境，尽力战胜先天的缺憾，不退却，不放纵。

与其把大好的时间和精力放在为"钱"的忧虑上，还不如打点行装、振作精神去为赚钱而做好准备，用良好的心态开创光明的前程。

无法定义世界，那就学会接纳

一天，上帝突发奇想："假如让现在世界上的每一个生命再活一次，他们会怎样选择呢？"于是，上帝给世界众生发了一份问卷，让大家填写。

问卷收回后，令上帝大吃一惊，请看他们各自的回答——

猫："假如让我再活一次，我要做一只鼠。我偷吃主人一条鱼，会被主人打个半死。而老鼠呢，可以在厨房翻箱倒柜，大吃大喝，人们对它也无可奈何。"

鼠："假如让我再活一次，我要做一只猫。吃皇粮，拿官饷，从生到死由主人供养，时不时还有我们的同类给它打打牙祭，很自在。"

猪："假如让我再活一次，我要当一头牛。生活虽然苦点，但名声好。我们似乎是懒蛋的象征，连骂人也都要说'蠢猪'。"

牛："假如让我再活一次，我愿做一头猪。我吃的是草，挤的是奶，干的是力气活，有谁给我评过功，发过奖？做猪多快活，吃罢睡，睡罢吃，肥头大耳，生活赛过神仙。"

鹰："假如让我再活一次，我愿做一只鸡，渴有水，饿有米，住有房，还受主人保护。我们呢，一年四季漂泊在外，风吹雨淋，还要时刻提防冷枪暗箭，活得多累！"

鸡："假如让我再活一次，我愿做一只鹰，可以翱翔天空，任意捕兔捉鸡。而我们除了生蛋、报晓外，每天还胆战心惊，怕被捉被宰，惶惶不可终日。"

最有意思的是人的答卷。

不少男人一律填写为："假如让我再活一次，我要做一个女人，可以撒娇，可以邀宠，可以当妃子，可以当公主，可以当太太，可以当妻妾……最重要的是可以支配男人，让男人拜倒在石榴裙下。"

不少女人的答卷一律填写："假如让我再活一次，一定要做个男人，可以蛮横，可以冒险，可以当皇帝，可以当王子，可以当老爷，可以当父亲……最重要是可以驱使女人。"

上帝看完，气不打一处来："这些家伙只知道盲目攀比，太不知足了。"他把所有答卷全都撕碎，喝道："一切照旧！"

真正的幸福来自我们眼下所拥有的一切。幸福源自珍惜，生活不是攀比。

中国有句古话："人比人，气死人。"同时亦有"知足常乐"的说法。人生的许多悲剧的产生，都是因为许多人不懂得珍惜，盲目将自己之短与他人之长作比较。如果希望获得快乐，就要学会爱自己。

《卧虎藏龙》里李慕白对师妹说过一句话："把手握紧，什么都没有，但把手张开，就可以拥有一切。"在人生的旅途中，需要我们放弃的东西很多。古人云，鱼和熊掌不可兼得。如果不是我们应该拥有的，我们就要学会放弃。几十年的人生旅途，会有山山水水，风风雨雨，有所得也必然有所失，只有我们学会了放弃，我们才会拥有一份成熟，才会活得更加充实、坦然和轻松。

弱水三千，我却只取一瓢而饮。就好像人生，因为不能获得而增进了生活的乐趣，生活也因为得而越来越美丽。所以，我们要学会知足，学会在高处欣赏人生的美景。

如果为了没有鞋而哭泣，看看那些没有脚的人

有这样一句话："在这个世界上，你是自己最好的朋友，你也可以成为自己最大的敌人。"当你接受自己、爱自己时，你的心里就充满了阳光；而当你排斥自己、讨厌自己时，你的心灵就会覆盖冰雪。要知道，微不足道的一点烦恼也可以毁掉你的整个生活。

有一个富翁，为了教育每天精神不振的孩子知福惜福，便让他到当地最贫穷的村落住了一个月。一个月后，孩子精神饱满地回家了，脸上并没有带着"下放"的不悦，让富爸爸感到不可思议。爸爸想要知道孩子有何领悟，问儿子："怎么样？现在你知

道，不是每个人都能像我们这样生活吧？"

儿子说："是的，他们过的日子比我们还好。

"我们晚上只有灯，他们却有满天星空。

"我们必须花钱才买得到食物，他们吃的却是自己的土地上栽种的免费粮食。

"我们只有一个小花园，对他们来说到处都是花园。

"我们听到的都是噪声，他们听到的都是自然音乐。

"我们工作时神经紧绷，他们一边工作一边大声唱歌。

"我们要管理佣人、管理员工，他们只要管好自己。

"我们要关在房子里吹冷气，他们在树下乘凉。

"我们担心有人来偷钱，他们没什么好担心的。

"我们老是嫌菜不好，他们有东西吃就很开心。

"我们常常失眠，他们睡得好安稳。

"所以，谢谢你，爸爸。你让我知道，我们可以过得那么好。"

很多刚刚踏入社会的年轻人，无论思想还是为人处世，都有很多不成熟的地方，却又敏感异常。他们希望事事做到完美，人人都能赞许他。但当这种想法不能实现时，他们就很轻易地陷入不如意的境地，觉得自己是全世界最倒霉的人了。

也许，你并不确切地了解自己幸运与否。没关系，这儿有一份专家们的"全球报告"，来细细地对照一下吧：

如果我们将全世界的人口压缩成一个 100 人的村庄，那么这个村庄将有：

57名亚洲人，21名欧洲人，14名美洲人和大洋洲人，8名非洲人；52名女人和48名男人；30名白人和70名非基督教徒；89名异性恋和11名同性恋；6人拥有全村财富的89%，而这6人均来自美国；80人住房条件不好；70人为文盲；50人营养不良；1人正在死亡；1人正在出生；1人拥有计算机；1人（对，只有一人）拥有大学文凭。

如果我们从这种压缩的角度来认识世界，我们就能发现：

假如你的冰箱里有食物可吃，身上有衣可穿，有房可住，有床可睡，那么你比世界上75%的人更富有。

假如你在银行有存款，钱包里有现钞，口袋里有零钱，那么你属于世界上8%最幸运的人。

假如你父母双全没有离异，那你就是很稀有的地球人。

假如你今天早晨起床时身体健康，没有疾病，那么你比其他几千万人都幸运，他们甚至看不到下周的太阳。

假如你从未尝试过战争的危险、牢狱的孤独、酷刑的折磨和饥饿的煎熬，那么你的处境比其他5亿人更好。

假如你能随便进出教堂或寺庙而没有任何被恐吓、强暴和杀害的危险，那么你比其他30亿人更有运气。

假如你读了以上的文字，说明你就不属于20亿文盲中的一员，他们每天都在为不识字而痛苦……

看吧，我们原来这么幸运。只要肯用心去面对，用心去体会，我们当下拥有的，足以幸福一生了。

学会豁达一些，在盯着他人财富的同时，也细细清点一下自己的所有，你会发觉，自己的运气其实一点儿都不差。

真实的人生，在意料之外

在过去的岁月里，对你而言，或许是页页创痛的伤心史，在检阅过去的一切时，你也许会觉得你处处失败，一事无成。你热烈地期待着成功的事业却不能如愿，连你最近的亲戚朋友，甚至也要离弃你！你的前途，似乎是十分惨淡和黑暗！但是，虽有上述种种不幸，只要你不甘心永远屈服，胜利就会向你招手。

从古至今，有多少英雄豪杰因一次的挫折而一蹶不振，我们不能因他们的美名而去像他们一样经不起挫折。

人的一生不可能一帆风顺，遇到挫折和困难是难免的，你不可能一直处于顺境，一直处于辉煌，当你人生走到了"山"的顶峰必然会走下坡路，但要如何做到坦然面对、心态放平稳，对于我们才是最重要的。

20 世纪 60 年代初期，美国化妆品行业的"皇后"玫琳·凯把她一辈子积蓄下来的 5000 美元作为全部资本，创办了玫琳·凯化妆品公司。

为了支持母亲实现"狂热"的理想，两个儿子也"跳往助之"，辞去了较好的工作，加入母亲创办的公司中来，宁愿只拿

250美元的月薪。玫琳·凯知道,这是背水一战,是在进行一次人生中的大冒险,弄不好,不仅自己一辈子辛辛苦苦的积蓄将血本无归,而且还可能葬送两个儿子的美好前程。

在创建公司后的第一次展销会上,她隆重推出了一系列功效奇特的护肤品,按照原来的计划,这次活动会引起轰动,一举成功。但是,"人算不如天算",整个展销会下来,她的公司只卖出去15美元的护肤品。

在残酷的事实面前,玫琳·凯不禁失声痛哭,而在哭过之后,她反复地问自己:"玫琳·凯,你究竟错在哪里?"

经过认真的分析,她及时调整了自己的不良心态,坦然地接受了这一切。最后终于悟出了一点:在展销会上,她的公司从来没有主动请别人来订货,也没有向外发订单,而是希望人们自己上门来买东西……难怪在展销会上落到如此的后果。

于是她从第一次失败中站了起来。如今,玫琳凯化妆品公司已经发展成为一个国际性的公司,拥有一支20万人的推销队伍,年销售额超过3亿美元。

已经步入晚年的玫琳·凯能创造如此奇迹,并不是上天的怜悯,而是她面对挫折时,坦然地接受了这一切,悟出一个好的想法并着手开始自己的行动,最后获得了巨大的成功。

要善于检验你人格的伟大力量,你应该常常扪心自问,在除了自己的生命以外,一切都已丧失了以后,在你的生命中还剩什么?即在遭受失败以后,你还有多大勇气?如果你在失败之后,从此一蹶不振，放手不干而自甘永久屈服，那么别人就可以断定，你根本算不上什么人物；但如果你能雄心不减、大步向前，不失望、不放弃，那么别人就可以断定，你的人格之高、勇气之大，是可以超过你的损失、灾祸与失败的。

无论你做了多少准备，有一点是不容置疑的：当你进行新的尝试时，你可能犯错误，无论你是作家，还是企业家，或者是运动员，只要不断对自己提出更高的要求，都难免失败。但失败并不是你的错，重要的是要从中吸取教训。

古人云："前事不忘，后事之师。"在克服挫败方面，我们的祖先已经给我们做出了太多的榜样。在社会竞争激烈的今天，挫折无处不在，若一时受挫而放大痛苦，将会终生遗憾。遭遇挫折，就当痛苦是你眼中的一粒尘埃，眨一眨眼，流一滴泪，就足以将它淹没；遭遇挫折就当它是一阵清风，让它在你耳旁轻轻吹过；遭遇挫折，就当它是一阵微不足道的小浪，不要让它在你心中激起惊涛骇浪；遭遇挫折，不要放大痛苦，擦一擦身上的汗，拭一拭眼中的泪，继续前进吧！

没有一种成功不需要磨砺

汤姆在纽约开了一家玩具制造公司，另外在加利福尼亚和底特律设了两家分公司。

20世纪80年代，他瞄准了一个极具潜力的市场产品——魔方，开始生产并投放市场，市场反馈非常好。于是，汤姆决定大批量生产，两个公司几乎所有的资金和人力都投入进来。谁知，这个时候，亚洲的市场已经由日本一家玩具生产厂家占领。等汤姆厂家生产的魔方投放亚洲市场，市场已经饱和！再往欧洲试销，也饱和。汤姆慌了，立即决定停止生产，但已经晚了，大批的魔方堆积在仓库里。特别是两个分公司，资金几乎完全积压，又要腾出仓库来堆放新产品，汤姆的生意在底特律和加州大大受挫。汤姆无奈之下，决定从加州和底特律撤出来，只保留总部，他的财务已经无法支撑太大的架子。

这是汤姆第一次输掉了一局。

不久，汤姆的财力恢复，于是，在亚洲设了一个分厂，开拓起亚洲市场来了。但好景不长，汤姆的亚洲市场化为灰烬。正逢美国玩具工人大罢工，汤姆处于风雨飘摇中的玩具公司立即破产，他血本无归。

汤姆又一次输了！

汤姆总结了自己失败的原因，萌发了一个庞大的计划。他向银行贷了一笔资金，再度开创一家玩具厂。经过周密计划，严谨的市场调研和销售分析，他立即决定生产脚踏车，他要在日本厂商打进欧美市场之前重拳出击。他一炮打响，美洲市场被他的厂家占领，欧洲市场的厂家也占有优势。两年后，因为脚踏车市场已近饱和，汤姆又决定停止生产，开发另一种产品。

这次汤姆胜了，并且赢了全局！

从这个故事中，我们不难发现：雄鹰的展翅高飞，是离不开最初的跌跌撞撞的。"不经一番寒彻骨，哪得梅花扑鼻香。"要想让自己成为一个有所作为的人，我们就要有吃苦的准备，人总是在挫折中学习，在苦难中成长。

我们每个人都会面临各种机会、各种挑战、各种挫折。成功不是一个海港，而是一个埋伏着许多危险的旅程，人生的赌注就是在这次旅程中要做个赢家，成功永远属于不怕失败的人。

每个人的一生，总会遇上挫折。相信困难总会过去，只要不消极，不坠入恶劣情绪的苦海，就不会产生偏见、误入歧途，或一时冲动破坏大局，或抑郁消沉，振作不起来。

其实在人生的道路上，谁都会遇到困难和挫折，就看你能不能战胜它。战胜了，你就是英雄，就是生活的强者。某种意义上说，挫折是锻炼意志、增强能力的好机会，不要一经挫折就放弃努力，只要你不断尝试，就随时可能成功。

如果你在挫折之后对自己的能力发生了怀疑，产生了失败情绪，就想放弃努力，那么你就已经彻底失败了。挫折是成功的法宝，它能使人走向成熟，取得成就，但也可能破坏信心，让人丧失斗志。对于挫折，关键在于你怎么对待。

爱马森曾经说过："伟大高贵人物最明显的标志，就是他坚韧的意志，不管环境如何恶劣，他的初衷与希望不会有丝毫的改变，并将最终克服阻力达到所企望的目的。"每个人都有巨大的潜力，因此当你遇到挫折时要坚持，充分挖掘自己的潜力，才能使自己离成功越来越近。

跌倒以后，立刻站立起来，不达目的，誓不罢休，向失败夺取胜利，这是自古以来伟大人物的成功秘诀。不要惧怕挫折，挫折是成功的法宝，在一个人输得只剩下生命时，潜在心灵的力量还有多少？没有勇气、没有拼搏精神、自认挫败的人的答案是零，只是坚持不懈的人，才会在失败中崛起，奏出人生的乐章。

世界上有许多人，尽管他们失去了拥有的全部资产，但是他们并不是失败者，他们依旧有着坚忍不拔的精神，有着不可屈服的意志，凭借这种精神和意志，他们依旧能够走向成功。

温特·菲力说："失败，是走上更高地位的开始。真正的伟人，面对种种成败，从不介意；无论遇到多么大的失望，绝不失去镇静，只有他们才能获得最后的胜利。"

在漫漫旅途中，失意并不可怕，受挫折也无须忧伤。只要心中的信念没有萎缩，只要自己的季节没有严冬，即使凄风厉雨，即使大雪纷飞。艰难险阻是人生对你的另一种形式的馈赠，坑坑洼洼也是对你意志的磨炼和考验。落叶在晚春凋零，来年又是灿烂一片；黄叶在秋风中飘落，春天又将焕发出勃勃生机。

第三章

你的任性，必须配得上你的本事

千万别扔下工作去旅行

朝九晚五，一日三餐，享受着上有老下有小的安稳，一切看起来都不错，却总是少些激动人心。偶尔翻开杂志看到某某挑战自我，爬上一座名山；某某在组织爱心协会，帮助需要的人；某某的书大卖，某某又携带家眷去环球旅行了……在你的心里会泛起波澜，好像别人的日子总是充满了新鲜和趣味，忍不住想"我也可以做这些的呀""我也曾计划欧洲之旅""我还想成为摄影大师"……

名人杂志里，很多人实现了梦想，而自己的梦想已被波澜不惊的生活给湮没，自己已有太久没提及梦想。纵观那些达成梦想的人的经历，你会发现，他们都经历了攻坚克难的磨砺，都曾有过失败的经历而继续勇往直前，如果你放下手头的工作去旅行，逃避眼下的困难，是很难翻越梦想的高山的。

抵达理想彼岸的人都不害怕失败，害怕失败的人往往裹足不前。虽然没有谁喜欢或渴望失败，但是，面对失败时不同的人选择不一样，有的人会因恐惧失败而拒绝了尝试的机会，也拒绝了成功的可能。人类最初是非常勇敢的，没有几个婴儿是惧怕失败的，他们在学习走路时不管跌倒多少次，摔疼的时候也会哭泣，最终都会选择站起来继续走。对于婴儿，根本就不存在失败，也

每天当好一个情绪稳定的成年人

不存在对失败的恐惧，他们要做的是继续走、继续走。

只要我们不惧怕失败，朝着自己的目标努力，任何梦想都有可能实现。如果你想增加些艺术气质，那就去学习一门乐器吧，不管你最终学到多高的水平，你都会因有这个经历而感到快乐；如果你喜欢保护小动物，那就去加入动物保护协会吧，你的呼吁会得到相同志趣的人的认可，会救助到很多小动物；如果你想修身养性，那就去练练太极、学学书法、品品茶，你能掌握的水平取决于你的个人潜质和练习程度，或许你练习不到能参加太极大赛、书法比赛或茶艺大赛的水平，但在学习各项技艺的过程中你会收获"我原来可以做""我做到了"的快乐！

做自己喜欢的事，不要给自己设限，如果你愿意，你甚至可以为世界和平做出贡献。比如，你可以订阅以世界和平为主题的杂志，写作有关世界和平的作品，寻找让自己平和宁静的方法，如果你坚持这么做，就一定会为世界和平做出贡献。

网络新词"年中哀嚎"，很多人年初制订了很多计划，却因各种原因，没有积极去做，年中的时候发现一年的时光已经过了一半。很多人看到这个词的时候会有同感，发现自己年初的计划也没有去逐一完成，甚至被搁置一边。比如，年初的时候，我们计划"我要报个小语种班，多学习一门外语""我要完成几个大项目"……仔细分析一下，他们没去做的原因，很多时候是因为觉得"我做不到""我不具备做的能力"，说到底就是害怕失败。打败自己的往往不是任务多艰难，也不是梦想多不切实际，是我们对困难的恐惧，是我们因害怕面对困难选择了逃避。

不要总盯着结果，学习和努力的过程为我们积累了很多经验，拓宽了我们的视野，让我们在其中体验到了快乐，发现了生活不只是朝九晚五的工作，还有很多有意思的事情，这就是成功。在为自己的理想努力的过程中，找到自我价值，发现自我的多种可能性，本身就是一种更大的成功。它会让我们进入人生的另一种境界，帮助我们开辟新的人生领域。说到底，你是不会失败的，只要为自己的梦想付诸努力，总会实现不同程度的成功。

不要害怕失败，正视恐惧自身，做自己喜欢的事，专注地享受和经历生活，必将会收获不一样的人生。

不要自怨自艾

自恋情结源于希腊神话人物那喀索斯，那喀索斯长相非常漂亮，却因恋上自己的水中影子以至憔悴身亡。自恋情节是一种认知、情感和行为的综合体，它包含有自我调节策略，这种调节是为了维持夸大的自我概念所采取的，过度的自恋只会令人沉迷痛苦，消耗斗志，忘记初衷。

6岁时，你打坏了家里的玻璃杯，妈妈训斥你，你不服气，被妈妈大骂一顿，你哭着说"我不是故意的，是哥哥撞到我了，我才碰倒了玻璃杯"。妈妈觉得你认错态度不够好，不理你，让你自己哭了很久很久，你感到了大人的不可理喻，偷偷蜷缩起来。

16岁时，课堂上，同桌问你问题，你应了一下，恰好被老师看到，老师让你站起来认错，你说"我没有说话，是他问我问题"。老师不听你的解释，罚你课后留下打扫教室卫生。你很委屈，你的同桌也没有为你说一句话，你感到很无助，甚至怀疑友情。

26岁时，你恋爱了，对方是你心仪很久的人，可是有一天你因接待重要客户耽误了时间，约会时迟到了几分钟，恋人觉得你没把他或她放在心上，说"如果你把我放在第一位，你就不可能迟到。"你无语，感到很悲哀。

36岁时，晋升的职位被新进年轻的姑娘给顶替了，你觉得很不公平，为此感到很痛苦，"为什么我努力工作却没人看到""很多重要的事情都是我去做的啊"。你把自己关在办公室里，感到很丢脸，工作也没了积极性。

当我们受到伤害却又无能为力时，自恋是一剂安慰药，能帮助我们暂时舒缓情绪，平复心情。但是，自恋作为安慰剂小时候使用一下效果还可以，随着年龄的增长就不能频繁使用了。它如同酒精，虽然能让人暂时忘记痛苦，却是在麻痹神经，一味地自恋会让人忘记了成长。比如，小时候遇到问题时，"我好可怜"的感觉如果得到大人的重视的话，会有被满足之感。因为对于孩子来说，得不到认可或受到贬低时，除了使用幻想的自我意念来补偿受损的自尊，通过自恋获得帮助，他们无论在智力还是体力上都毫无办法为自己争取到"公平"。但是，作为成人的我们要警惕过度自恋，因为，自恋也会成为一种习惯，当自恋成为一种习惯时，我们遇到问题就会选择逃避，就忘记解决问题的办法有很多种。

自恋本身既不好也不坏，但是，我们要经常性反思自己，以确保我们没有躲在自恋的壳里自怨自艾。"我好可怜啊，我好可怜啊，我好可怜啊"，会暂时让我们感觉舒服些，但除此之外，却不能给我们提供解决问题的办法，也就是说对于问题的解决没有任何裨益。反复地重复"我好可怜啊"，只会让伤害不停地重复，最终会加重伤害。

说白了，一味地自恋，就是在逃避责任。因为"我好可怜"的弦外之音是"不是我的错"，是"他们的错"。如此一来，你就可以把责任推给其他人，而不主动挽救局面，更不会在解决问题中提高自己。

我们需要明白的是，每个人在这个世界上都有他自身的价值和责任，每个人都要学会发现自己的价值并以此为力量达成目标，这是生为一个人一生要完成的使命——认识你自己！没有什么比"认识你自己"更重要，即便是你取得了一些成功，或者你得到了周围人的认可。如果我们忘记了对自我的觉察，当遇到挫折时很容易感到被错待，被错待的感觉就会把我们带入"我好可怜"的状态。记住，一定不要被这种想法占据你的思想，不然你

每天当好一个情绪稳定的成年人

将停止不前。

　　人的一生就是解决问题的过程，生活中会遇到各种各样的问题，当遇到问题时，蜷缩在角落里伤心落泪虽然可以进行情绪的宣泄，但是不要沉迷在自恋里不能自拔。我们可以进行自我疗愈，更要想办法尽快地从痛苦中走出来，担负起自己的责任，学会掌控局面，试着去扭转局面，只有如此，我们才能真正地摆脱痛苦，成长为强大的人。

别具意味的假日忧伤

　　平淡的生活因有各种节日而变得具有仪式感，这些仪式感让我们的日子过得丰富多彩而充满期盼，可是，并不是每一个节日都伴着喜气洋洋，或许，在某一个节日前后，不愉快的事情也会发生在我们身上，这些不愉快会让我们非常悲伤。

　　可是，我们真正要被这种悲伤牵着走吗？比如，有些人在过年的时候没有抢到回家的火车票，难道过年的欣喜要被完全冲淡吗？比如有的人在情人节来临之际精心准备了求婚烛光晚餐，可是对方却在这时宣布要分手；比如结婚纪念日当天，你接到被炒鱿鱼的通知……

　　一切来得那么猝不及防，一切来得那么不可商量。

　　不幸的事情已经发生了，并且发生在一个非常重要和愉快的节日里，难道我们就因为这些不好的事情而把美好的节日也忽略吗？

"肯定不行的，我要认真对待每一个用心准备的节日！"

"我不行，我接受不了，我非要痛哭一场不可……"

"日子还是要继续的，但悲伤会伴着我好久。"

不同的人有不同的面对方式，但是，不管我们选择以何种方式去面对悲伤的事情，我们一定不要以此否定了我们的全部，让自己有种被打入低谷的感觉。

朋友在生日当天因一心想着聚餐的事情，帮领导抄文的时候抄错一个字，给领导的工作带来了麻烦，被领导叫去大骂一顿。他觉得很丢脸，担心领导以后会因他的错误而找他麻烦，过生日的兴致被一扫而尽。当晚聚餐时，他一直闷闷不乐的，朋友知道后劝慰他，工作失误和过生日是两件事情，不能因一件事情影响了另外一件事情。他才明白过来，他需要做的是换一个角度来面对所经受的灾难和痛苦。

没有一种生活是不值得过的，即便是在节日里最欢欣鼓舞的时刻得到让人痛不欲生的坏消息，也请一定要记住，当一切坏得不能再坏的时候事情就只会往好的方面发展了。

为此，我们需要弄明白什么叫节日，节日指的是生活中值得纪念的日子，一切节日源于传统习俗，有的节日源于宗教，也有的节日源于我们对某人或某事的纪念，所以，每一个节日都是一个节点，一个新的开始。

每一个终点也都是一个新的起点，即使你面对的是被炒鱿鱼、求婚被拒绝，也是一个新的起点，说不定你的下一份工作才能真正最大地发挥你的才华，或许你命中注定的配偶就在不远处等你。

　　虽然，在节日里我们得到坏消息时非常难过，甚至会觉得被全世界抛弃了，但是如果你拒绝了暂时的痛苦，怎么去迎接新的生活呢？

　　人活一世，只要是未曾尝试的都会孕育着机遇，无论多么糟糕的事情总会过去，只要我们从每一次的失败里获得经验，我们的行囊就会渐渐装满，成为我们人生重要的收获。

　　不管之前的人有多么爱，走不下去了，就只能代表你们不合适；不管你多么努力，没有得到领导的认可或者没有真正出业绩，那就代表你还有提高的空间。

　　我们不能将眼光停留在过去，或紧盯着悲伤，要做有心人，善于在每一次事情中总结教训，不断成长，避免以后再出现类似的失败。

　　如果当时很忧伤，我们可以选择去看一场电影，趁着电影院的氛围哭一场；我们也可以找好朋友喝点小酒，唱唱歌，宣泄一下情绪；或者是出一次远门，感受一下异域的风光，让他乡的风、他乡的雨驱赶走我们心头的痛苦；或者是我们哪儿都不去，就窝在沙发里，一杯咖啡一卷书，让情绪在与哲人的对话里渐渐舒展……

还有一种办法我们可以尝试，那就是在哪里跌倒在哪里站起来。如果工作没做好，假日里被老板叫去加班弥补失误，那我们就积极寻找问题的原因，寻找解决的办法，最大限度地弥补自己的过失。如果被爱人抛弃了，我们要反思是不是我们哪儿做得不够好，让对方不满意，以后多关心体贴对方。如果，你尽了最大努力，一切都于事无补，只能说明，这份工作或这个人不适合你，又何必念念不忘呢？

任何事情发生都有它的必然性，我们要做的就是寻找原因，或提高自己，或端正态度，不管怎么样，只要我们把精力放在解决问题上，把注意力放在新的事物上，我们总能在过程中成长。

面对别具意味的假日忧伤，是咀嚼痛苦还是勇敢面对，就看你怎么选择了。请记住，迈过去，就是一片海阔天空。

别人的"倒霉"你没看见

因改革需要，公司在人事上要做一些调整，你是部门的老人了，觉得不会让自己调走，并满心欢喜地期待着委以重任，可是，接到通知那一天你傻了眼，原来，你不但没有被委以重任还被调到了一个新的部门，做一个普通的职员。你觉得这一切对你不公平，"为什么是我呢""不应该让新人去做这些事情吗？我这么大年龄了，怎么能学会？"

你在脑子里问了很多为什么，心不甘情不愿地整理着自己的文件，自己好像成了最倒霉的那个人！一定是某某在搞鬼，哼，愤怒充满了你的脑子。那么，现在你到底要不要接受现实呢？如果接受不了公司的任命该怎么办？

　　职称评审开始了，你对自己近几年的课题和项目很满意，按照单位要求把所有材料规规整整的整理出来交了上去，满心欢喜地等着好消息，可是，等到评审结果出来时，通过人员名单上竟然没有你！"这是不可能的！""为什么要这样对我？"你去找领导问情况，领导告诉你今年职称评审的条件新增了一项，"为什么今年要增加一项，这不是针对我吗？"领导告诉你"国家政策调整和上级要求，都得按章行事"，但你听不进去，总觉得往年都是按照之前的评审，不可能在你参评的年份调整，你觉得自己成了最可怜的人，觉得单位有人针对你。

　　你可知道，职称评定结果对你的伤害已经在你的想象中不停地加深，已经被你自己给无限扩大了。如果你让自己一直纠结在这件事情中，可能会错过别的晋升的机会。你一直期待的出国进修已经报过名了，培训马上开始，你需要把心态调整一下，赶紧投入培训中，去抓住眼前的机会。

　　如果你一直拒绝接受职称评定的结果，可能会影响到你的培训，影响到你的培训成绩，万一失去了出国进修的机会，你会更懊恼。

　　无论何时，生活为你关上一扇门的同时也将会为你打开一扇窗,一旦倒霉的事情发生了,你失去或错过了什么,或许,就是为了让你遇到新的事物,得到新的机遇。

那么面对这些"倒霉"的事,我们该怎么做呢?

1. 体会当下感受

当倒霉的事情降临的时候,不要去拒绝它,既然已经成了既定事实了,你接受不接受,它都在那里。冷静下来,体会一下你当下的感觉,或是失落,或是悲伤,或是懊恼……不管是哪一种感觉,都平静地接受并告诉自己当下的感觉,为自己的遭遇哀悼一下,"前功尽弃了""没有人比我更倒霉了吧""气死我了,凭什么这样对我!"

仔细体会并表达你的感受,越细致越准确越好,在这个世界真正伤害我们的不是事物本身,而是我们对它的看法,当我们将对发生的不愉快的事情看法和体会完全表达出来时,我们就会获得新的平静。当情绪发泄出来后,我们就可以开始进行第二步了。

2. 转变信念

除非你自身具备某方面的特质,才会吸引类似的事情发生在你身上。现在请坐下来冷静思考一下自己最近的信念是什么。你是不是太在意职称评审结果,一直在念叨"千万不要通不过"?你是不是总怀疑恋人出轨,赌气故意不理对方?你的汽车半路抛锚了,是不是你忽略了它,很久没有检修?

"念念不忘,必有回响。"转变信念,多做积极地思考,不要总杞人忧天忘记当下的努力。没有谁随随便便成功，也不会有谁再怎么努力都会停止不前。

3. 接受新事物

"倒霉"的事情已经发生了，我们不能一直停留在这件事情上，需要敞开心扉让新事物进来，才能给我们更多的机会。

失恋了，不是寻死觅活缠着对方，而是整理心情，精心打扮自己，提升自己，让自己遇到更好的人！

晋升失败，不是抱怨领导不公平，而是需要审视自己哪些方面做得不够好，加强培训与提升！

出现意外，不要觉得自己倒霉透顶，而是思考一下偶尔背后的必然性，想一想怎么避免类似的事情再发生！

正视已经发生的事情，审视你的信念，摆脱限制你的东西，不管你现在遭遇了什么，只要你愿意继续前进，愿意主动创造新事物，都可以找到突破口，收获新思路、新成功。

责怪别人只能让自己得到短暂的舒适

指责，简单来说就是指出过失并责备。它是一种令人满意的问题处理方式，至少，在遇到问题的早期，很多人喜欢指责，不管指责他人或指责自己，都会让自己暂时舒服些。

"找不到工作不是我的错——我去面试了很多公司，他们要求太高了。""不停地换对象不是我的错——他们对我太挑剔了。""项目没谈成不是我的错——对方太无理取闹了。"

当我们把失败的责任推到别人身上时，自己感到非常的轻松，但是，这种轻松的感觉不会一直持续下去，因为，问题并没有得到解决。如果一直发牢骚，只会让你暂时麻痹自己，推卸责任。

还有另外一种指责方法，就是自责，"都是我的错"。"面试没成功，是因为我太紧张了，他们问的问题我也会，可是一紧张就什么也答不出来。""对象总嫌弃我，和我分手，是我太没有恋爱的天赋了，根本猜不透她到底在想什么。""项目没谈成，是因为没有明白对方的意图，没有抓住机会。"

这种指责方式，不但让自己心情更加沉重，也不能解决问题。当我们遇到问题时，很多人却喜欢求助指责，而不是去思考解决问题的办法。

"站着说话不腰疼！"你说："事情没有发生在你身上，你当然可以轻松自如地来点评了。"好吧，但你的指责真正帮助你解决问题了吗？为什么不冷静下来，分析一下责任到底在哪里，如果有自己的责任，就把自己那份责任承担起来。

当我们把精力转到追究责任和承担责任上时，就已经把问题转向了问题本身，就是所谓的"对事不对人""就事论事"。这就意味着，在解决问题的时候，每个人都需要担起自己的责任。听起来好像不是好事，会把自己卷进去，但实际上却是在给自己机会。

每天当好一个情绪稳定的成年人

当解决问题时，你承担的责任越大，就越有权利，就越有利于自己把握局面，让事态朝着期待的方向发展。

要明白，"追究责任"并不意味着"责备"谁。它是解决问题的一种方式，是要弄清楚问题的症结所在，是在选择或禁止某种途径促进问题解决。而指责的语言，往往是情绪的外现，除了表露情绪，暴露自己的缺点，对于解决问题没有实际意义。

在追求责任的过程中，你也许确实发现对方提出过高要求，但实际上，为了让自己找到更好的工作，不断更新技能，进行发散思维训练，调整自己的就业思路，这些你真的去做了吗？这就是你应负的责任。这时，你是不是发现，原来除了指责，自己是可以做到这些的。

完美的爱情总在热恋的早期，当爱情沉淀下来时就是切切实实的生活，如何将爱情完美落实到生活中，并将恋爱的感觉维持得更久一些，现在请问问你自己是不是非常关心另一半，有多久没有给对方一个拥抱一个吻或送一份惊喜了？这些就是维持爱情感觉的小事情，不信的话，你可以试试每天都说一些赞美的话给对方，偶尔买一些鲜花或工艺品装点一下你们的小家，或者是在对方疲惫的时候呈上一份色香味俱全的自制奶昔……看看对方的态度是不是也会有所改变。这就是你应负的责任。你会发现这些都是小事儿，做到也不难。

商务谈判是双方为了促成交易而进行的交流，合作是双赢的事情，在和对方谈判的时候，你是否了解了对方的需求，是否适时提出了自己的要求，是否懂得商业谈判的沟通、协商、妥协、合作、策略等技巧还是忽略了商业接待中的细节？这些都是你应负的责任。商业谈判是一门大学问，必须坚持双赢、平等的原则下进行，有很多实战的技巧需要学习和提高，你还有进步的机会。

总而言之，遇到问题时，我们不要一味地指责，应该弄清自己的责任，然后采取切实的行动解决问题。

如果你愿意调整思路，不指责他人也不责备自己，你会为自己赢得更多的时间解决问题，这便是取得成功的绝佳办法。

通往成功的方法有很多种，不管遇到什么问题，总会有解决的办法，一定不要停留在指责的层面，它会让你变成推卸责任和盲目自责的人，与其这样，不如直面问题，承担责任，让事情朝着有利的一面进行。

当你掌控不了局面时

我们都喜欢自己能掌控的事情，希望一切按照自己既定的安排有条不紊地进行，如果中间出现任何意外的话，会让我们非常不舒服，但是，事情很少会按照我们的意愿发展，很多时候它可能完全超出了我们能掌控的范围。

从小你就争强好胜，学习也非常认真，可是一到升学考试时总不能取得满意的成绩，连续几次这样的事情发生在你身上后，你会觉得自己真的很倒霉，自己的命不好。你却忘了真正去反思问题出现的原因，或许不是命运的问题，或许正是你太重视某件事情导致情绪高度紧张而无法正常发挥。这样的经历会给人很强的挫败感，长此以往会让人变得不自信。

当形势不在我们预定之内时，我们该怎么做才好呢？

你要参加一个面试，这个面试对你很重要，你早早起来，精心地化了妆，穿上正式却又不失时尚的衣服，赶上了第一班地铁，从地铁口出来时，温柔的阳光洒在你的脸上，你露出自信的笑容，突然高跟鞋崴了一下，脚踝疼痛难忍，更可怕是你发现鞋跟掉了，瞬间，你感到天旋地转，天哪，我该怎么去面试？这是个多不吉利的预兆，难道我面试注定要失败吗？

你希望孩子无论身体还是智力都发展得很好，于是你读了很多育婴方面的书籍，有关孩子吃喝拉撒的事情，你都完全按照书本一板一眼地执行，可是，产假结束了，你不得不返回到工作岗位，孩子交给他人照看，这时你发现原来孩子的事情根本不在你控制范围内。你一边工作，一边担心孩子在家里是否吃得好，睡得安慰。你觉得孩子好像不是自己的了，感觉孩子不在自己身边时好像就是在受苦。家庭和工作兼顾，很快让你疲惫不堪。

老板给你安排了很多工作，你做了详细的计划，并高效完成了工作。老板对你很满意，让你把材料复制给他，没想到这时同事在整理材料时撞到了你的插盘，你的计算机瞬间进入了关机状态，所有的材料还没来得及保存，你的大脑进入空白状态……不能对着同事大发雷霆，也没法向领导交差，欲哭无泪的你此刻感到特别无助。

在这些情形下，你似乎感到无论自己怎样努力，都没有办法掌控局面，没有一件事情是自己能控制的。

放弃吧，当我们控制不了局面只能放弃，不放弃就更加焦虑和痛苦。当然，我们说的放弃，是放弃掌控局面的想法。

即使在日常生活中，我们都要学会理解没有一件事情能完全按照我们的意愿发展，我们能控制的只有我们自己。

"放弃？等着被宣判？"当然不是！

你需要做的是放弃试图去控制局面的想法，减少自己在应激状态下的恐慌感，面对现实，冷静思考，去寻求另外的解决方式。鞋跟已经断了，愤怒解决不了问题；计算机已经被迫断电，材料可能会丢失；你的孩子，从出生就已经不再完全属于你。与其愤怒、焦虑，不如学习一下如何处理不受我们控制的局面：

1. 接受现实

事态已经失控，别再不愿意接受，更不要强行去控制局面。冷静下来，接受已经失控的局面，防止因一件事情出现失控而引发其他不必要的麻烦。

2. 不要怪罪任何人，寻找解救问题的办法

不愉快的事情已经发生了，不要紧紧盯着谁干错了，进行危机补救才是最重要。千万不要责备他人，当你带着情绪责备他人

时，很有可能会得罪曾经帮助过你的人。沉着下来，迅速调到能调到的资源，寻找解决问题的办法，将损失降到最小。

3.立即处理事件

鞋子坏了，怎么办上网搜索一下，附近有没有鞋店，有的话，可以去买一双救急。或者是给面试官打电话，告诉他你遇到了意外情况，征询一下对方意见，看看能否重新约个面试时间。

孩子的发展是头等大事，不管是自己带孩子还是他人帮忙带孩子，大家的初衷都是为孩子好，可能在处理孩子的个别事情时需要多一些沟通就好了。不要抱怨"太难沟通了""老人的思想太固化了"，记住，要先礼后兵，任何正常人在面对一个彬彬有礼、善待自己的人时都不会蛮不讲理。假设家里的老人帮你带孩子，你找个合适的日子，给老人买一份礼物，送礼物时和老人说说掏心话，再顺便把自己对教养孩子的想法和老人说，他们一定会听的。

在最后一种情况中，如果领导正等着材料，首先要打电话告诉他遇到了什么问题，不要让领导一直等。如果领导在忙别的事情，可以先找个计算机高手帮忙恢复一下文件。如果自己的人脉资源不够，再向领导或其他同事求助。

记住，在局面不在掌控之内时不要急着追究谁对谁错，冷静下来思考解决办法，学会倾听，并适时寻求帮助才是最重要的。

很有必要的羞耻感

由于阅历、兴趣点和关注点不同，每个人的爱好、特长也不同，当大家聚到一起时就需要相互包容、相互学习。在你没有搞清形势前，一定不要随意开口，有可能伤害到其他人，也会给自己带来很强的羞耻感。

同学一起去唱歌，喝了点小酒，很多人都放开了，你最近在忙着一个大项目，没有关注音乐，有很多新歌你根本没有听过，也不知道某某突然火了，大街小巷都在传唱他的歌，这时你突然说"谁点的歌啊，都没听过，早过时了吧，能不能换几首新歌？"点歌的同学很尴尬地看着你，一个和你关系比较好的同学对你小声说"这几首都是最新流行的音乐，歌手前几天参加音乐比赛其中一首拿了冠军。"你为自己的无知感到羞愧，不好意思地笑了笑。

公司新来个女同事，看上去很随和，你和她聊天，聊到了工作、家庭、娱乐，你突然说"你知道，某某又离婚了，唉，这些人呀都是闲着没事撑得，没事离个婚，还整得沸沸扬扬的，你说以后再结婚，后妈是好当的吗？"这时，你突然想起该同事曾离过婚，目前已经重组了家庭，当了后妈，你感到羞愧极了，恨不得找个地缝钻进去。

这天，你刚到办公室有一个同事过来找你帮忙捎带东西，你不太清楚他让你把东西带给谁，在他的反复讲解下，你终于想起来了，"哦哦，我知道了，是不是就是那个三十好几了还没结婚的？"话一出口，你发现自己说错话了，找你帮忙的同事也是一个大龄单身青年。同事为了避免尴尬笑了笑把对方的姓名又重复了一遍，你体会到了熟悉的羞耻感。

羞耻，当人们做了不当的事情后出现的一种情感，健康的羞耻感很有必要。它可能代表着你对自己不当行为的反思，会帮助你避免今后再犯类似的错误。反社会的人往往缺乏羞耻感，他们赋予生活的意义是他们个人想象而来的，属于个人的意义，就像杀人犯在行凶的时候，会有成就感，吸毒者在吸毒过程中找到生活的意义。

但是，对你来说，当羞耻感来临的时候想把自己隐藏起来，希望自己从来也没做过那件傻事，这说明，羞耻感对你来说是种预警机制，提醒你做错事的方式。

既然是做错了事情，该怎么去处理呢？一直羞愧难当吗？还是该选择更好的办法去解决问题呢？这有几点建议供你参考：

1. 修正错误

"人非圣贤孰能无过"，做错了事情，第一时间去修正它，这样或许会减轻你的羞耻感。为自己的无知道歉，"不好意思，我最近没有关注音乐。"同学也不会揪着你的话不放，他很有可能问你"想唱什么歌，我来帮你点。"；机智的改变话题，"也不是每个后妈都恶毒，现在社会开放了，如果过不下去了，婚姻重组也是不错的选择。"；对于大龄青年的事情，你可以说"对不起啊，我没有别的意思，婚姻得看缘分，当然也要主动，先打拼几年再成家也是很好的选择。"没有谁愿意沉浸在不愉快里，当你意识到错误并尽力去修正错误时，对方也会给你台阶下。

2. 原谅自己

每个人都会犯错，犯错是再正常不过的事，不管是谁犯了错，都有被原谅的权利，因为人生来就不是完美的。当羞耻感的预警机制被调动起来时，说明你已经意识到了自己的错误，但不需要让羞耻感一直跟着你，你要原谅你自己。即使你犯了错，你也依然是一个非常有价值的人，也是一个值得肯定的人。

3. 加强训练减少犯错

如果因为无知犯错就多读书，开阔自己的视野，让自己成为一个丰富的人；如果缺乏沟通技巧导致在与人沟通时为避免冷场口不择言，就去参加"沟通"相关的培训，让自己在面对生人时能把握分寸；学会尊重别人，尊重别人的选择，不要加入过多的评论；如果你是因为紧张导致的错误，不妨做些敏感性训练，提高社会敏感性和行为的灵活性，提高对自己、他人的认知能力和理解能力，让自己面对公众场合和生人时做到大方得体；如果你一时无法做到得体，那就管住自己的嘴巴。总而言之，你需要预先采取积极的措施，减少自己陷入羞耻的境地。

谁也给不了你安全感，除了你自己

你最信任的人，他最近突然变得不太愿意和你沟通了，是不是变心了？刚看到限行通告，为了减少汽车尾气排放量，下个月起你在的城市要试行单双号限行；随着年龄的增长，父母的身体大不如从前了，他们在老家生活，你让他们来你工作的城市他们不来，你又是家里的独子，没有人照顾父母，该怎么办？

你多么希望回到初恋的时候，你们无话不说，总是腻不够，希望一天变成四十八个小时；限制政策上说新能源车不在限号范围，买车的时候你忘记考虑新能源车了，此刻你多希望自己买的是新能源车；让时光慢些脚步吧，你还没有足够的能力支撑父母年迈的身躯，又或者你若有一个兄弟姐妹也好……

妄想了一阵子，你又回到了令人沮丧的现实里。你明白，"生活中只有一件事是确定的，那就是走向死亡"，其他的都瞬息万变，安全感是抓不住的。"从前慢"的日子早已一去不返！

我们每个人都需要安全和保障，需要踏实感，而现实却是越来越多不确定的东西环绕着我们，我们的安全感变得遥不可及。甚至你拼命工作、努力赚钱，原本想让家人过得宽裕些，可是工资上涨的速度怎么也赶不上房价上涨和通货膨胀的速度。

此时，你是否想到，我们需要的不是安全，而是寻找安全的处所。去哪儿寻找能让我们感到安全的东西才是最重要的。如果将安全定义为一份工作、一个人，或是希望身体永葆青春，都是靠不住的。如果我们将希望寄托在他人或具体的事物上，我们永远也找不到安全，会不停地重复失望。

事实上，我们到处寻找的安全和稳定的秘密藏在我们的意愿里，只要我们以正确的方式积极地去对待它，就会得到想要的圆满——安全和稳定。

"你说得好，我把所有的情感都投注到现在对象身上了，他万一背叛我了怎么办？我车被限行了，怎么上班？我是独子，父母在老家，万一生病了怎么办？"你说。我们一起看看，到底怎么做：

1. 冷静下来

当问题出现时，我们一定不要恐慌，恐慌只会让我们乱了方寸，先深呼吸一下，让自己冷静下来，然后再理性分析具体问题和解决策略。即使场面有可能失控，也不要太着急，告诉自己"我会有办法解决这个问题"。不管你自己是否有能力解决问题，最重要的是先冷静。

2. 评估情况

分析具体情况，发生了什么事，具体原因是什么，对自己会产生什么样的影响。比如：他最近不太理我，是我哪些做得不好吗？他不太理我，是赌气还是冷静思考的结果？车辆限行是全市的事情，不是针对我一个人的，我需要做的是想法解决被限行时的出行问题。父母年龄大了，我是独子，不在一个城市，需要解决照顾老人的问题。

3. 想办法

很多悲观的人会一直纠结在现实情况上，单单看到的是问题，缺少解决问题的办法，让自己陷入困扰。

问题该怎么解决呢？列下可采用的一切办法，暂且先不用管办法的可行性，全部列下来，最后对所列出的办法再进行理性分析，进行筛选。

找个时间和他谈一谈，问问原因？或者给他个惊喜，看看他的表现？如果他没有背叛我，一定会真诚相待，或许会被我感动。如果真的背叛我了，我要面对此事，让他也面对此事。

限行政策出来了，我又不能不上班，筛选一下同事的车牌号，看看有没有能拼车的？计算一下，如果每天搭计程车的成本？选择最省时最经济的出行办法，确保准时到公司。

父母年龄大了，身体不如从前，能不能和父母沟通一下，告诉他们你的困扰，看看父母会不会选择和你同住？给父母请个管家，帮你照顾父母，定时给你汇报父母的情况？

4. 学会利用身边资源

我们身边还有亲人、朋友，有一些可以利用的资源，如果你积极寻找，援助之手就在你身边。叫朋友过来，告诉他们你遇到的问题，让他们和你一起集思广益，寻找解决问题的办法。

每个人生活中都会遇到一些问题，只要积极主动去面对和解决问题，就没有迈不过去的坎儿。不要让不安全的感觉萦绕不散，不要让想象中的困难吓倒自己，要凭借自己的毅力、创造力和能力给自己创造安全感，并在必要的时候寻求外援。记住，你不是孤独的！

没有无聊的事，只有无聊的人

"真无聊啊……""真没意思啊……"

你自己也好，还是身边的亲人、朋友也好，对于生活，不知有多少人整天都会发出诸如此类的感叹和抱怨，却又不以为然。

某天，你跟朋友约了见一面。下班之后，你们在某商业广场碰了头，决定先吃饭，然后再看电影。经过一番筛选之后，你们决定去吃酸菜鱼。席间，你跟朋友有一搭没一搭地聊着，一边聊还一边对菜品作出评价："这鱼味道真一般。"

吃完了饭，你们选了一部时下正热的影片进去看。一边看，你一边在心里默念："这是什么鬼电影，无聊死了！"

看完电影，你跟朋友相互道了别，然后各自回家。刚一进家门，你就往沙发上一躺，打开了电视。你拿着遥控器不停地转换着频道，仍然觉得没一个节目合你的胃口，于是就关掉了。而后又随手从茶几上拿了一本书翻开，可是看了没几页就又看不下去了。好不容易熬到了晚上十点，你觉得有点儿困，于是洗了个澡就躺床上睡觉去了。

一觉醒来，你又开始了新的一天，但这新的一天与往日并没有任何不同。你白天忙碌地工作着，下了班又百无聊赖地待着，好像做任何事情都觉得没什么意思。

当你和好朋友诉说这种关于"无聊"的苦恼时，对方却觉得你是没事找事，甚至还表示很羡慕你的无聊。你觉得莫名其妙，因为你根本不是因为闲暇而感到无聊，相反，你的工作非常忙碌，但仍然觉得任何事都没意思。

你任凭"无聊"的感觉侵蚀着自己，因为不被理解，于是也懒得跟别人分享自己的日常状态和心情。很明显，你的无聊感跟别人放松时的无聊是两个概念。别人因为无聊而快乐，而你因为无聊而感到郁闷。你开始怀疑自己是不是得病了，甚至担心起来。

你的担心并非没有理由，因为这种状态会让人越来越觉得生活无意义，应该及时地做出调整。因为无聊听起来像是无关紧要的事情，毕竟它不会带给别人什么大的影响，但是任由其侵蚀的话，却会给自己的心灵带来灾难。例如，无聊虽然不会让你杀人放火，却会让你在刚吃饱的时候打开冰箱，把里面的东西清扫一空，渐渐地导致肥胖。总之，无聊会让你的内心越来越偏离轨道。

如果你是因为闲得发慌而感到无聊，那么很好办，只需要给自己找点儿事做就好了。可问题是，你每天忙得要死，却觉得做任何事都没有意义。所以说，无聊跟繁忙还是悠闲一点儿关系都没有，甚至许多很悠闲的人根本不觉得无聊。

那么，你的无聊感到底是怎么回事呢？

其实，是因为你没有全情地投入生活和工作中去。换句话说，你觉得无聊的事情，都是因为你对它们没有付诸真情。

如果你觉得跟自己的爱人在一起感到无聊，那么可能是你已经对他/她没感觉了，要么就是你对对方付出得没有那么多了。你不再花心思在对方身上，当然会觉得没意思了。

如果你在工作中觉得无聊，那可能是你没有遇到自己喜欢的工作，又或者是你在工作的时候只是敷衍了事，因此也体会不到工作带来的成就感。

当生活和工作进入按部就班的状态时，就容易滋生无聊。因为你对它们已经非常熟悉了，感受不到新鲜感。没有了新鲜感，也就缺少了刺激源。

那该如何是好呢？答案是改变和投入。

当你在工作中觉得无聊的时候，一定也是遇到了瓶颈期。这时候，不如去寻求新的突破：开发有挑战性的新客户，开发有意思的新产品。总之，要主动给自己找刺激源，让自己感受到压力，如此才有动力全情投入工作中去。

感情也是需要保鲜的，对待爱人也好，对待朋友和亲人也好，只有你对他们付出了真心，投入了真情，你才能感觉到爱，才不至于觉得无聊。不妨与爱人一同旅行一番，在陌生的旅途中，或许你们能够感受到彼此间的需要，从而感受到爱情的温度。

着急当将军的士兵，不是好士兵

第四章

坦然接受不同阶段的挑战

知名企业家李开复在自己的创业论坛中曾表示：成功很大程度是要顺应现实，要在正确的时候做正确的事情。李开复的这番感言可谓对时下很多年轻人最实在的忠告。

近年来，网络上充斥着"80后"的"普遍焦虑"：最年长的一批"80后"早已迈入而立之年，他们感叹自己前途渺茫，悲哀自己竟成了"房奴""卡奴"等新一代被剥削阶层，自嘲是"最不幸的一代"。他们从消费者转变为生产者，由聚光灯下的绝对主角转变为荧幕前的观众——身处这个人生阶段，压力自然沉重。因而，"80后"的不满是可以理解的，其言论也恰好印证了"80后"的社会身份转变。

然而不应忘记，每一代人的人生轨迹，都是存在不同阶段的。如今的"80后"，与他们的前辈乃至后辈一样，无论生于哪个时代，到了而立之年，都必须勇敢地扛起家庭与社会的重担，都必须走过从懵懂到稳重、从依赖他人到自力更生的一段路。虽然世事变迁，眼下的与老一辈的时代已有很大不同，但面对人生的方法是不会改变的："阳光总在风雨后""不经历风雨，怎么见彩虹"——歌词如此浅白，却也恰恰是最为实在的道理。

有这样一则发人深省的小故事：

有一天，上帝心血来潮，漫步在自己创造的大地上。看着田野中的麦子长势喜人，他深感欣慰。这时，一位农夫来到他的脚边，恳求道："全能的主啊！我活了大半辈子，从未间断过祈祷，年复一年，我从未停止过祈愿：我只希望风调雨顺，没有雨雪风雹，也没有干旱与蝗灾。可是无论我如何做祷告，却始终不能顺心遂意。您为何不理睬我的祈祷呢？"上帝温和地回答："不错，的确是我创造了世界，但我也创造了风雨、旱涝，创造了蝗虫、鸟雀。我创造了包括你在内的万事万物，这并不是一个能事事如你所愿的世界。"

农夫听罢一言不发。突然，他匍匐到上帝的脚边，带着哭腔祈求道："仁慈的主啊，我只祈求一年的时间，可以吗？只要一年：没有狂风暴雨，没有烈日干旱，没有虫灾威胁……"上帝低头看着这个可怜人，摇了摇头，说："好吧，明年，不管别人如何，一定如你所愿。"

第二年，这位农夫看着自家麦穗越长越多，欣慰地感念上帝宅心仁厚，深察民情。然而到了收获的季节，他却发现，这些麦穗竟全是干瘪的。农夫噙着眼泪望着天空："主啊，仁慈的主，全能的主，这是怎么一回事？您是不是搞错了什么？您明明答应过我……"上帝的声音在他耳边响起："我的确答应过你，我也没有搞错什么。真正的原因是，不经历自然考验的麦子只会是孱弱无能的。风雨、烈日，都是必要的，甚至虫灾也是必要的；你只看到了风雨带给麦子的生长威胁，却没有看到它们唤醒了麦子内在灵魂的事实。"

故事中上帝的话是意味深长的，人的灵魂亦如麦子的内在灵魂，是需要感召的。诚然，不少人希望自己永远被保护在温室里，天天衣食无忧、有人打点一切，时时风调雨顺、称心如意，恰似农夫田地里的那些麦穗。可是现实不可能是这样，也不应该是这样。在人生每一个重要阶段，唯有接受生活的考验，人的精神才能得到磨砺，人才能逐步成熟，否则人将只能是空空如也的躯壳。

人们常常把人生划分为青少年、中年与老年：青少年时期是艺术，天马行空，无拘无束，编织自己的梦想；中年时期是工程，步步为营，稳扎稳打，构筑自己的事业；老年时期是历史，心怀万物，气定神闲，翻阅自己的过往。可见，无论从哪个角度审视，人生都是有其发展轨迹的，没有哪一个阶段可以回避，也没有哪一个阶段能够飞越。

在从青少年到中年的转型期当中，人们从稚拙走向成熟。在此期间，人们的经验与人脉得到了有效积累，社会现实被更好地认识与把握，人们自身，也得到了更为充分的调整。

因此，无论是哪个年代的人，无论处于人生的哪个阶段，人所经历的一切都是生命中不可或缺的组成部分。对于它们，我们应当勇敢正视、积极体验，不能急功近利，而是应该到什么山唱什么歌，到什么阶段就要有什么追求：年轻的时候，要用自己那股单纯与执着的力量，努力学习、奋发进取、不断拼搏；到了成年，要以老练成熟的眼光看待一切，要着力开发自己潜在的发展空间，拓展自己的事业；到了老年，要懂得返璞归真，要注重个人修养，以一颗平和、安逸、祥和的心看待世间万物。

朋友们，不管你是转型期的"80后"中的一员，还是才华横溢的少年、历练丰富的中年，请不要抱怨人生的低谷，也不要做一蹴而就的美梦，应换一种角度，静下心来，思考人生阶段的必要性，坦然接受当下的挑战，稳扎稳打，在正确的时间做正确的事。唯有这样，我们才能从容面对当下的得失与成败。

浮躁，是成功路上的"绊马索"

急于求成、急功近利是人的通病，做事情老是求快，就会追求了速度，却忘记了质量。浮躁的人表现得更加明显，他们希望成功，也渴望成功，在如何获得成功的心态上，显得比常人更为急躁。

很多人虽然充满梦想，但他们不懂得如何为自己规划人生，不懂得梦想只有在脚踏实地的工作中才能得以实现。因此，面对纷繁复杂的社会，他们往往会产生浮躁的情绪。在浮躁情绪的影响下，他们常常抱怨自己的"文韬武略"无从施展，抱怨没有善于识才的伯乐。

一个忙碌了半生的人，这样诉说自己的苦闷："我这一两年一直心神不定，老想出去闯荡一番，总觉得在我们那个破单位待着憋闷得慌。看着别人房子、车子、票子都有了，心里慌啊！以前也做过几笔买卖，都是赔多赚少；我去买彩票，一心想摸成个暴发户，可结果花几千元连个声响都没听着，就没有影儿了。后来又跳了几家单位，不是这个单位离家太远，就是那个单位专业不对口，再就是待遇不好，反正找个合适的工作太难啊！天天无头苍蝇一般，反正，我心里就是不踏实，闷得慌。"

生活中，常有这样的一些人，他们做事缺少恒心，见异思迁，急功近利，成天无所事事。面对急剧变化的社会，他们对前途毫无信心，心神不宁。浮躁是一种情绪，一种并不可取的生活态度。人浮躁了，会终日处在又忙又烦的应急状态中，脾气会暴躁，神经会紧绷，长久下来，会被生活的急流所挟裹。

有一个人得了很重的病，给他看病的医生对他说："你必须多吃人参，你的病才会好！"这个人听了医生的话，果然就去买了一根人参来吃，吃了一根就不吃了。

后来医生见到这个病人就问他："你的病好了吗？"病人说："你叫我吃人参，我吃了一根人参，可我的病怎么还没有好？"医生说："你吃了一根人参，怎么不接着吃呢？难道吃一根人参就指望把病治好吗？"

故事中的病人不明白治病需要循序渐进、坚持治疗，而是寄希望于吃一根人参就能恢复健康。现实生活中，很多人也是因为不懂得坚持忍耐，只想着一蹴而就。这样的人，自然是无法触摸到成功的臂膀的。

许多浮躁的人都曾经有过梦想，却始终壮志未酬，最后只剩下遗憾和牢骚，他们把这归因于缺少机会。实际上，生活和工作中到处充满着机会：学校中的每一堂课都是一个机会；每次考试都是生命中的一个机会；报纸中的每一篇文章都是一个机会；每个客户都是一个机会；每次训诫都是一个机会；每笔生意都是一个机会。这些机会带来教养，带来勇敢，培养品德，制造朋友。

脚踏实地的耕耘者在平凡的工作中创造了机会，抓住了机会，实现了自己的梦想；而不愿做好手中工作，嫌其琐碎平凡的人，在等待机会的焦虑中，度过了并不愉快的一生。

成功无捷径，总要慢慢地熬

成就事业要能忍受孤独、潜心静气。稳重是成大器不可或缺的必要条件，而浮躁则是导致失败的陷阱。

在现实生活中，不少人学习投机钻营的"成功哲学"，不扎扎实实努力，而是急功近利，投机取巧，这种态度势必会使工作大打折扣，久而久之，也必定会影响事业的进一步发展，所谓"机关算尽太聪明"，到头来，终是"聪明反被聪明误"。

小威和孙博同时被一家汽车销售店聘为销售员，同为新人，两人的表现却大相径庭：小威每天都跟在销售前辈身后，留心记下别人的销售技巧，学习如何才能销售出更多的汽车，积极向顾客介绍各种车型，没有顾客的时候就坐在一边研究、默记不同车款的配置。孙博则把心思放在了如何讨好领导上，掐算好时间，每当领导进门时，他都在用刷子为车做清洁。

一年过去了，小威潜心业务，能力不断提升，终于得到了回报，不仅在新人中销售业绩遥遥领先，在整个公司的业务排名中也名列前茅，得到了老板的特别关注，并在年底顺利地被提升为销售顾问。而孙博却因为没有把公关特长用在工作上，出不了业绩，甚至好几个月业绩不达标濒临淘汰，部门领导也因此冷淡了他。孙博在公司的地位岌岌可危，不久便被迫离开了。

与其像孙博这样辛苦表演最后却换来竹篮打水一场空的结果，倒不如像小威那样，一开始就端正态度，沉住气，扎扎实实做事，这样在创造业绩的同时，自己的能力与价值也得到了提升，今后想谋求大的发展也就相对容易多了。

庄子说："夫虚静恬淡，寂寞无为者，天地之平而道德之至也。"持重守静乃是抑制轻率躁动的根本。浮躁太甚，会扰乱我们的心境，蒙蔽我们的理智，所谓"言轻则招忧，行轻则招辜，貌轻则招辱，好轻则招淫"，轻忽浮躁是为人之忌。要想成就一番功业，还是该戒骄戒躁，脚踏实地。只有扎扎实实地积累与突破，才能在人生路上走得稳，并且走得远。

低姿态的进取方式常常能够取得出奇制胜的效果！老子认为：轻率就会丧失根基，浮躁妄动就会丧失主宰。

做人切忌浮躁、虚荣、好高骛远，而应沉下心来，守住内心的宁静，淡泊名利，踏实求进。我们无论在工作还是生活当中，都应该静下心来深入钻研，"见人所不能见，思人所不能思"，其结果也必然能成人所不能成之功。

着急当将军的士兵不是好士兵

拔苗助长的故事，大家耳熟能详。庄稼的生长，是有其客观规律的，不能强行改变这些规律，但是那个宋国人却不懂得这个道理，急功近利，急于求成，一心只想让庄稼按自己的意愿快长高，结果得不偿失，所有的辛苦都付诸东流。其实，万事万物都有其自身发展规律，我们做的所有事情也有客观的规律或限制，做事必须循序渐进，而不能急于求成。

正如一位哲人所说的那样，违背客观规律的速成就是在绕远道，只有尊重事物发展规律并付出踏实的努力才能获得最终的成功。

生活中，许多人比别人要勤奋得多，努力得多，却总是希望"一口吃个胖子"，急于求成，因此丧失了成功的机会。你越是急躁，在错误的思路中陷得就越深，也越难摆脱痛苦。当你过于急躁而寻求突破的时候，往往会迷失方向，跌跌撞撞，最后一事无成。不仅在生活中是这样，物理学上这样的现象也是普遍存在的。量变不积累到一定程度就不会有质变。

我们要想成功地完成一件事情，就要做好充分的准备，进行量的积累。我们想取得好的成绩，就要靠平时认真的学习与积累，这就是一分耕耘一分收获的道理。我们的人生经历也是从知之不多到知之较多，从知之较多到知之甚多的一个积累过程。既然事物的发展都是从量变开始的，为了推动事物的发展，我们做事情必须具有脚踏实地的精神。千里之行，始于足下；合抱之木，生于毫末；九层之台，起于垒土。要促成事物的质变，必须首先做好量变的积累工作。如果不愿脚踏实地、埋头苦干，而是急于求成、拔苗助长，或者急功近利、企图"侥幸"，是不可能取得成功的。

生活中有许多性格急躁的领导，做一件事情恨不能马上就做好。在公司里你时时可以听见他们怒气冲冲的咆哮："效率！效率！"你时时可以看到他们跟在下属的后面，恨不能用鞭子赶着下属干活儿。现代社会崇尚效率，每一个人都应该追求效率，但是过分追求效率，就变成了急躁，就变成了冒进。一件事情要想成功，仅有热情与吃苦耐劳是不够的，还需要缜密的思索、全面的分析，制定出切实可行的规划，然后才能一步一步实施下去，直至成功。否则一味地急躁，急于求成，跟那个拔苗助长的农夫又有什么区别呢？

每天当好一个情绪稳定的成年人

不急于求成，时间会成全一切

当人们感慨幸运与成功常常光顾他人，而从自己身边绕路走开的时候，却很少思考那些成功的人和自己有什么不同。

也许，我们每个人的心里都有一个执着的愿望，只是一不小心把它丢失在了时间里，让最容易的事变成了最难的事。所以，天下事最难的不过十分之一，实际能做成的有十分之九。想成就大事业的人，只有用恒心来成就它，以坚韧不拔的毅力、百折不挠的精神、排除一切干扰的耐性作为涵养恒心的要素，去实现人生的目标。

这个世界上，有一种人，寂寂无声，却恒心不变，只是默默地努力着，坚持到底，从不轻言放弃。耐性与恒心是实现梦想的过程中不可缺少的条件。耐性、恒心与追求结合之后，便形成了百折不挠的巨大力量。事业如此，德业亦如是。每个人的成长都是一个漫长而坚毅的过程。

古代有个叫养由基的人精于射箭，能百步穿杨。有一个人很羡慕养由基的射术，决心要拜养由基为师。经几次三番的请求，养由基终于同意了。

收他为徒后，养由基交给他一根绣花针，要他放在离眼睛几尺远的地方，集中注意力看针眼。看了两三天，这个人有点疑惑，问养由基："我是来学射箭的，什么时候教我学射术呀？"养由基说："这就是在学射术，你继续看吧。"没几天的工夫，这个人便有些烦了。他心想：我是来学射术的，看针眼能看出什么来呢？他不会是敷衍我吧？

养由基教他练臂力的办法，让他伸直手臂，一天到晚在掌上平端一块石头。这样做很苦，这个人又想不通了。他想：我只学他的射术，他让我端这石头做什么？于是他很不服气，不愿再练。养由基见此，就由他去了。

后来，这个人又跟别的老师学艺，最终也没有学到一门技术。

如果这个人多一点耐心和毅力，愿意从基础一点一点学起，他一定会有所收获的。俗话说："欲速则不达。"做人做事需忍耐，步步为营。凡是成大事者，都力戒"浮躁"二字。只有踏踏实实地行动才可开创成功的人生局面。

一位青年问著名的小提琴家格拉迪尼："你用了多长时间学琴？"格拉迪尼回答："20 年，每天 12 小时。"也有人问基督教长老会著名牧师利曼·比彻为那篇关于"神的政府"的著名布道词，准备了多长时间。牧师回答："大约 40 年。"

莎士比亚说过："不应当急于求成，应当去熟悉自己的研究对象，锲而不舍，时间会成全一切。凡事开始最难，然而更难的是何以善终。"我们与大千世界相比，或许微不足道，不为人知，但是我们如果耐心地增长自己的学识和能力，当我们成熟的那一刻，将会有惊人的成就。

在诱惑前止步，在寂寞中突破

人生的大部分时间都是在重复琐碎、乏味的事，然而，往往这些乏味、无趣、寂寞的琐事，奠定了一个人成功的基础。所谓三百六十行，行行出状元，说的就是即便在平凡的岗位上，只要树立正确的心态，能够承受寂寞，努力肯干，就会在这个领域脱颖而出。

其实寂寞是最难克服的，成功的途中你可能遇到挫折、孤独、他人的嘲笑，这些东西只要你有一颗坚定的心就能战胜。然而，寂寞是在追求成功过程中最可怕的对手。它悄无声息地潜伏在你的身边，随时都可能乘虚而入，企图击溃你。不过，换而言之，承受寂寞的同时也是在等待成功。不断克服寂寞，也就更靠近成功。

在成功来临之前，人都要冷清度日，承受无尽的寂寞。但当你换个想法，将这份寂寞视为人生给予的礼物，小心地接受保存，总有一天能换取更丰厚的回报。

曾经有一位美国著名的心理学家做了一个历时很久的跟踪性实验。实验开始时，他找到一群4岁大的孩子并给每个孩子发了一颗好吃的糖果，同时告诉这些孩子，如果他们能够等20分钟再吃，就能吃两颗。面对糖果，许多孩子都禁不住诱惑，马上吃掉手中的糖。但是，有几个孩子却为了能多吃一颗糖果，选择等待。为了打发漫长的 20 分钟，这些孩子想尽了办法，他们有的唱歌，有的跳舞，甚至有的睡觉，总之他们都很聪明地将自己的注意力从糖果上转移开，不去看也不去想。20 分钟过去了，这些愿意等待的孩子，最终吃到了两颗糖果。

实验进行到这里并没有结束，工作人员将在 4 岁时就能等待吃两颗糖的孩子视作一组，将那些迫不及待吃糖的孩子视为另一组，跟踪记录。到了少年时期，这两组儿童的对比变得更加明显。那些善于等待的孩子依旧善于等待，面对成功不急于求成。而那些拿到糖果就吃掉的孩子，却表现出了固执、优柔寡断和压抑等个性。

等孩子们上中学时，结合对孩子父母及任课教师的调查结果，证明那些 4 岁就能忍受 20 分钟换取第二颗糖果的孩子多半成长为适应性较强，具有冒险精神，更受人喜欢，比较自信且独立的少年。相比之下，那些幼年时期经受不住糖果诱惑的孩子可能变得孤僻、易受挫、抗压性差。

随着时间的推移，研究人员发现那些能够为了多获得一颗糖果等待的孩子比缺乏耐心的孩子更容易成功，学习成绩也相对好些，在后来的事业中表现得更出色。

在这个实验中，糖果相当于成功，面对成功的诱惑，善于等待、甘于寂寞的人往往离成功更近一步。过早地屈服于诱惑，不甘寂寞只会远离即将到手的成功。

当人们对梦想有憧憬，对成功有渴望的时候，面对种种诱

每天当好一个情绪稳定的成年人

惑，有些人会难以忍受追求成功的寂寞，半途而废远离成功，而那些为了成功，为了达成目标忍受住寂寞，拒绝诱惑的人则会在成功的路上走得更远，获得更大的成就。人们都说忍得住寂寞，才守得住繁华。在成功人生获得的每一份掌声和鲜花背后，都有一颗对梦想执着、承受寂寞的心。

别着急，属于你的，岁月都会给你

王国维在《人间词话》里说："古今之成大事业、大学问者，必经过三种境界：'昨夜西风凋碧树，独上高楼，望尽天涯路'，此第一境也；'衣带渐宽终不悔，为伊消得人憔悴'，此第二境也；'众里寻他千百度，蓦然回首，那人却在灯火阑珊处'，此第三境也。"第一境界"昨夜西风凋碧树，独上高楼，望尽天涯路"是说要有一颗甘于寂寞的心，甘于为事业献身；第二境界"衣带渐宽终不悔，为伊消得人憔悴"，在不断地追求中费心费力，倾注自己的心血；第三境界"众里寻他千百度，蓦然回首，那人却在灯火阑珊处"，在不断地追求和付出中"意外"的成功。

而在现实的社会中，这种甘于寂寞的人越来越少，快节奏的生活让人变得浮躁，为了眼前的小利而蠢蠢欲动，一味地追求所谓的利益，没有一颗能够坚持梦想的心，最后什么利益也没有得到，却害了自己。

刚刚大学毕业的小张是从农村出来的，刚开始走上工作岗位拿到的薪水还算不错。但是，他给自己施加的心理压力很大。他从小家境贫寒，父母终日在田地里辛苦耕作，用省吃俭用积攒下来的钱供他读书，因此他一直希望有朝一日能在城里买房，接父母来住。虽然他生活已经很节约了，但是每月将房租、饭钱、交通费、通信费等生活必需费用扣除之后，几乎所剩无几。而城里的房价飞涨，物价也在上涨，这些都使他的心境难以平静。这就使他萌生跳槽的念头，于是他开始四处搜集招聘信息，希望能够跳到一家薪水更高的公司。

　　可以想象，他脑袋里有这个念头，就难以专心工作了。不久，他的上司就觉察出了他的问题，他做的方案漏洞百出、毫无新意，甚至出现很多错别字，明显可以看出是在敷衍了事，没有用心去做。于是，上司找他谈话，不料刚批评几句，小张不仅没有承认自己的问题，反而质问上司："你给我这么点薪水，还希望我能做出什么高水平的方案来！"上司这才意识到，小张的情绪源于薪水低。上司并没有生气，反而平静地告诉小张："公司里的薪水并不是一成不变的，只要你做出了业绩，薪水自然会上去的。真正决定你薪水的不是公司，不是老板，而是你自己。"但是，小张根本听不进去，刚工作不到半年的他毅然决定辞职不干了。

　　辞职后，他开始专心找薪水高的工作，凭着他的聪明才智，很快又应聘到另外一家公司，这家公司的薪水比之前的公司高出了 1000 元。这让小张非常庆幸。刚工作 3 个月，小张偶尔从同事那里了解到，同行业里的另一家公司薪水比现在的公司还要高。这使小张本来平静的心又一次波动起来。他开始关注那家公司的消息。本来他所在的公司打算让他负责一个重要的项目，要出差到外地的分公司半年，虽然辛苦，但是能够为以后在公司的晋升奠定基础。

但是，小张一心想要跳到另一家公司，根本无心继续待下去，拒绝了这个在别人看来千载难逢的好机会。于是，小张在公司老板的心里就留下了不思进取的印象。在金融危机袭来的时候，公司裁员，小张不幸被裁掉。当他再去找工作的时候，几乎所有的面试官都会问他同一个问题："为什么你在不到一年的时间就换了两份工作？"

对于一个刚走上社会的人，最忌讳的是沉不住气。不能看到眼前的利益，就失去了对于自己能力的评估，也忘了自己踏踏实实学习的初衷。金钱并不是衡量成功的唯一标准，人生永远不要着急的一件事就是去挣钱，如果你拥有足够的能力，不会缺少这些机会。如果只是计较眼前的小利，而放弃坚持和学习，是一件多么得不偿失的事情。工资有价，但是经验和能力无价，不沉下心来学习是无法得到的，自视甚高的智力资本在经验和能力前不值得一提。

现代社会中的每个人都在为自己的梦想而奋斗，这个过程是长期且枯燥的，是需要一步一步坚实的付出的，没有所谓的捷径。在实现梦想的过程中，会有很多的诱惑，出现很多所谓的捷径，但是这些并不能帮助你去实现梦想，只能让你距离自己的梦想越来越远。真正实现梦想的过程是一个不断沉淀、不断积累，然后厚积薄发的过程。这个过程，容不下三心二意，容不下朝秦暮楚，只有甘于"独上高楼，望尽天涯路"，沉浸在自己的梦想实现过程中，并为之有"衣带渐宽终不悔，为伊消得人憔悴"的努力，才能够收获"那人却在灯火阑珊处"的美景。

用汗水和努力换来成功

我们很多人看得到成功者的光鲜艳丽、意气风发，我们羡慕、膜拜却忘了思考他们成功的原因，又或是用不屑的眼光上下打量认为他们只是"侥幸成功者"。我们从来就看不到他们的成功是用辛勤的汗水和不懈的努力换来的。

"先天下之忧而忧，后天下之乐而乐"，以国家之务为己任的北宋名臣范仲淹是一位杰出的政治家、文学家。他从小就十分勤奋刻苦，为了做到心无旁骛、一心专注于读书，范仲淹到附近的醴泉寺寄宿苦读，对于儒家经典终日吟诵不止，不曾有片刻松懈怠惰。

"成由勤俭败由奢"，这时候的范仲淹家境并不是很差，但为了勤奋治学，范仲淹勤俭以明志，每天煮好一锅粥，等凉了以后把这锅粥划成若干块，然后把咸菜切成碎末，粥块就着咸菜吃即是一日三餐。这种勤奋刻苦的治学生活差不多持续了三年，附近的书籍已不能满足范仲淹日益强大的求知欲了。于是范仲淹到家中收拾了几样简单的衣物，佩上琴剑，毅然辞别母亲，踏上了求学之路。

宋真宗大中祥符四年（1011 年），二十三岁的范仲淹来到应天府书院。应天府书院，即应天书院，是宋代著名的四大书院之一，书院共有校舍一百五十间，藏书几千卷。在这里，范仲淹如鱼得水，他用一贯的勤俭刻苦作风向学问的更高峰攀登。

一天，范仲淹正在吃饭，他的同窗好友（南京留守的儿子）过来拜访他，发现他的饮食条件非常差，出于同窗之情，就让人送了些美味佳肴过来。过了几天，这位朋友又来拜访范仲淹，他非常吃惊地发现，他上次让人送来的鸡鸭鱼肉之类的美味佳肴都变质发霉了，范仲淹却连动都没动一下。他的朋友有些不高兴地说："希文兄（范仲淹的字，古人称字，不称名，以示尊重），你也太清高了，一点吃的东西你都不肯接受，岂不让朋友太伤心了！"范仲淹笑着解释说："老兄误解了，我不是不吃，而是不敢吃。我担心自己吃了鱼肉之后，咽不下去粥和咸菜。你的好意我心领了，你可千万别生气。"朋友听了范仲淹的话，顿时肃然起敬。

范仲淹凭着这股勤奋刻苦的劲头，博览群书，在担任陕西经略安抚副使期间，指挥过多次战役，成功抵御了西夏的入侵，使当地人民的生活得以安定。西夏军官以"小范老子（指范仲淹，"老子"是西夏人对知州的称法，"小范"是相对之前的"大范"范雍而言的）胸中有数万甲兵"互相告诫，足以看出西夏人对范仲淹的忌惮与敬畏之心，这在军事力量屡弱的北宋的历史上是罕见的。

范仲淹之所以能有如此杰出的才能，得益于他素来勤奋刻苦的良好作风，辛勤的耕耘，自会换来丰硕的果实。

勤奋在任何时代、任何地方都是不过时的成功法宝。自古迄今皆是如此。

日本保险业连续15年排全日本业绩第一，被誉为"推销之神"的原一平在一次大型演讲会上，用"行为艺术"给期待成功、前来取经的人们讲了一个走向成功的"秘诀"。大会即将开始，台下数千人翘首祈盼、静静等待着原一平的到来，期待原一平给他们带来成功的"福音"。演讲会开始了，可原一平迟迟没到。十几分钟过后，在众人望穿秋水的期待下，姗姗来迟的原一平终于"千呼万唤始出来"。

走向讲台，看着一张张热烈期待的脸庞，原一平一句话也没说，只是坐在后边的椅子上继续地看着。半个小时后，原一平仍然没说一句话，可前来"取经"的人有的忍不住了，陆陆续续地离开会场。一个小时过后，原一平仍然是一句话也不说，就这么干耗着。这"故弄玄虚"的行为让很多人无法忍受，他们纷纷离开会场。可也有人想一探究竟，想看看原一平的葫芦里卖的是什么药。就剩下十几个人的时候，原一平终于开口说话了："你们是一群忍耐力很好的人，我要让你们分享我的成功秘诀，但又不能在这里，要去我住的宾馆。"

于是这十几个人都跟着原一平去了他住的宾馆。进入房间后，原一平脱掉外套，接着就坐在床上脱他的鞋子、袜子，这一系列行为让前来"捧场"的人看得莫名其妙。就在众人错愕惊讶之时，原一平亮出了他的"成功撒手锏"，他把脚板亮在众人面前，众人看到了一双布满老茧的脚（原来原一平一开始就耗着是有原因的，如果要向几千人展示他的成功秘诀，似乎有点不雅）。原一平最后道破"秘诀"，说："这些老茧就是我的成功秘诀，我的成功是我用勤奋跑出来的。"

成功都是用勤奋跑出来的，想不劳而获，那个守着树桩的"待兔人"就是前车之鉴。

与众不同的背后，是日复一日的勤勉

"雄鹰可以到达金字塔的塔尖，蜗牛同样也可以。"雄鹰的资质极佳，要到达金字塔的塔尖当然比资质平庸的蜗牛容易得多。但这并不意味着雄鹰不需要勤奋努力、艰苦磨炼就能轻易做到，需知道在华丽的飞翔背后，是何等残酷的磨炼。

一只幼鹰出生后，不待几天就要接受母鹰的训练。在母鹰的帮助下，成百上千次训练后的幼鹰就能独自飞翔。如果你认为这样就可以的话那就错了，事情远没有这么简单，这只是第一步。接着母鹰会把幼鹰带到高处悬崖上，把它们摔下去，许多幼鹰因为胆怯而被母鹰活活摔死，但没有经过这样的考验是无法翱翔蓝天的。

诚然，世界上没有两个完全一样的人，人与人之间充满了差异，有的人资质好，而有的人却要显得平庸得多。我们资质差，但这并不妨碍我们用辛勤的脚步走向成功。

德摩斯梯尼（前384—前322年），古雅典雄辩家、民主派政治家，一生积极从事政治活动，极力反对马其顿入侵希腊，后在反马其顿运动中为国壮烈牺牲。

当时，在雄辩术高度发达的雅典，无论是在法庭、广场，还是公民大会上，经常会有经验丰富的演说家在辩论。听众的要求也非常高，甚至到了挑剔刻薄的程度。演说家一个不恰当的用词，或是一个难看的手势和动作，常常都会引来讥讽和嘲笑。

德摩斯梯尼天生口吃，嗓音微弱，还有耸肩的坏习惯。在这些高标准、严要求的听众看来，他似乎没有一点当演说家的天赋。因为在当时的雅典，一名出色的演说家必须是声音洪亮，发音清晰，姿势优美而且富有辩才。德摩斯梯尼最初的政治演说是非常糟糕的，由于口吃、发音不清、论证无力而多次被轰下讲坛。为了成为卓越的政治演说家，德摩斯梯尼此后做了超乎常人的努力，进行了异常刻苦的学习和训练。德摩斯梯尼虚心向著名的演说家请教发音的方法；为了克服口吃毛病，每次朗读时都放一块小石头在嘴里，迎着大风或面对着波涛练习；为了改掉气短的毛病，他一边在陡峭的山路上攀登，一边不停地吟诗朗诵；为了改善演讲时的面部表情，他在家里装了一面大镜子，每天起早贪黑地对着镜子练习演说；为了改掉说话耸肩的坏习惯，他在头顶上悬挂一柄剑，或悬挂一把铁叉；他把自己剃成阴阳头，以便能安心躲起来练习演说……

德摩斯梯尼不仅在演说技巧上进行改善，而且努力提高政治、文学修养。他研究古希腊的诗歌、神话，背诵优秀的悲剧和喜剧，探讨著名历史学家的文体和风格。据说，他把《伯罗奔尼撒战争史》抄写了八遍。柏拉图是当时公认的独具风格的演讲大师，他的每次演讲，德摩斯梯尼都前去聆听，并用心琢磨、学习大师的演讲技巧……

经过十多年的磨炼，德摩斯梯尼终于成了一位出色的演说家，他的著名的政治演说为他赢得了不朽的声誉。他的演说词结集出版，成为古代雄辩术的经典。

公元前 330 年，雅典政治家泰西凡鉴于德摩斯梯尼对国家所做的贡献，建议授其金冠荣誉。德摩斯梯尼的政敌埃斯吉尼反对此种做法，认为不符合法律。为此，德摩斯梯尼与埃斯吉尼展开了一场针尖对麦芒的公开辩论。在此次辩论中，德摩斯梯尼用事实证明了自己当之无愧。最后，泰西凡的建议得以通过，德摩斯梯尼被授予了金冠。

德摩斯梯尼的资质在我们看来非常差，然而他付出了"嘴含石块""头悬剑"等诸多辛勤努力，终于成为一位伟大的辩论家和政治家。

"勤能补拙是良训，一分辛苦一分才"，只要付出，相信总会有回报的。

晚清四大名臣之一的曾国藩，读书资质也非常差，差到让一个去他家行窃的小偷都心生鄙夷。一天，曾国藩在家读书，始终在朗读着一篇文章，读了又背，背了又读。如此反反复复，始终没有把它背下来。

偏巧，这时候一个小偷偷到曾国藩的家里了。小偷见有人在背书，为了不被发现，就先潜伏在屋檐下，想等所有人都睡熟了之后再行窃。可没想到，这个"酸腐"的读书人还是一直在那儿吟吟哦哦地读着文章，大有欲罢不能的态势。这个小偷看见这种架势，于是有点愤怒地跳出来指着妨碍他行窃的曾国藩责骂道："你这榆木疙瘩般的脑子，还读个什么书啊？"这种"恨铁不成钢"的语气颇有几分语重心长、苦口婆心的意味。说罢，具有"诲人不倦"精神的小偷又将曾国藩一直反复朗读的文章一字不落地背了下来，然后扬长而去，留下尚未缓过神来的曾国藩在房中惊愕不已。

曾国藩的这番遭际也算得上是"千古奇遇"了。无疑，这个小偷的资质比曾国藩不止高出一个层次，然而曾国藩却成了历史上非常有影响力的人物，他靠的就是那"不断反复"的勤奋刻苦的精神。而贼始终是贼，不正是因为他不肯付出努力，想不劳而获的缘故吗？

雄鹰资质再好，如果不去搏击风雨，退化的羽翼反而成为负担；蜗牛再慢，只要勤奋努力，一步步也能爬上金字塔的塔尖。

从现在开始干，而不是站着看

一个生动而强烈的意象突然闪入脑际，使作家生出一种不可阻遏的冲动——想提起笔来，将其记录下来。但那时他有些不方便，所以没有立刻就写。那个意象不断地在他脑海中活跃、催促，然而他最终没有行动，后来那意象逐渐模糊、暗淡了，直至完全消失！

一个神奇美妙的形象突然闪电般地侵入一位艺术家的心间，但是，他并没有立刻提起画笔将那不朽的形象绘在画布上。这个形象占据了他全部的心灵，然而他从未因此跑进画室埋首挥毫，最后，这个神奇的形象也渐渐从他的心间消失了。

像这样有了想法却不行动、一拖再拖的人还有很多。但是，如果想要达成心中的愿望，我们最好从现在就开始行动。

其实，不管是什么事情，最好的行动时机就是现在。今天的想法就由今天来实现，因为明天还有明天的事情、想法和愿望。但是，生活中就有那么一些人，在做事的过程中养成了拖延的习惯，今天的事情不做完，非得留到以后去做。其实，把今天的事情拖到明天去做，是不划算的。有些事情当初做会感到快乐、有趣，如果拖延几个星期再去做，便会感到痛苦、艰辛。而且，时下的经济形势也不容许我们做事拖沓，如果我们把一切事情都拖到明天来完成，那么很快我们就会在工作中被淘汰。

著名作家玛丽亚·埃奇沃斯在自己的文章中写过这么一段有深刻见解的话："如果不趁着一股新鲜劲儿，今天就执行自己的想法，那么，明天也不可能有机会将它们付诸实践；它们或者在你的忙忙碌碌中消散、消失和消亡，或者陷入和迷失在好逸恶劳的泥沼之中。"

常常会有这样的时候：我们深陷在对昨天伤心往事的懊悔中，期待明天会有不一样的艳阳高照，却独独忽视了今天的存在。"将来我要做政府高官，改变大多数人的生活""将来的发明肯定能解决现在争论不休的问题""将来我会成为世界上最富有的人"……对年轻的我们来说，过去还不怎么值得回味，展望未来倒是不用负责，于是信口开河、任意畅想成了大家平常的乐事。但事实上，我们除了现在、此刻，一无所有。你以为明天还会和今天一样，但意想不到的自然灾害等常给我们以小小的提醒：明天并不一定会到来。

时间并不能像金钱一样让我们随意储存起来，以备不时之需。我们所能使用的只有被给予的那一瞬间——此刻。所谓"今日"，正是"昨日"计划中的"明日"；而这个宝贵的"今日"，不久将消失在遥远的彼方。对于我们每个人来讲，得以生存的只有此刻——过去早已逝去，而未来尚未来临。昨天，是张作废的支票；明天，是尚未兑现的期票；只有今天，才是现金，具有流通的价值。所以，不要老是惦记明天的事，也不要总是懊悔昨天发生的事，把你的精神集中在今天。对于远方将要发生的事，我们无能为力。杞人忧天，对于事情毫无帮助。所以记住：你现在就生活在此处此地，而不是遥远的地方。

《圣经》中有这样一句话："不要烦恼明天的事，因为你还有今天的事要烦恼。"这是一句隐含大智慧的话，却不容易做到。很多男人努力赚钱养家，想赚足够多的钱让家人生活得更好，后来发现钱永远赚不够，而家人则没了。因为家人拥有无数个凄凉孤单的"现在"，无法继续这样生活。

如果你感到不安、恐惧，过多的思考只能增加你的这种不安感。行动起来，你会发现原来并没有什么可怕的。但又有人问：何时行动是最好的呢？回答就是现在！现在就行动！

其实，人不仅要在现在行动，也只能选择在现在行动。

一个人不可能丧失过去和未来，一个人没有的东西，有什么人能从他那里夺走呢？唯一能从人那里夺走的只是现在。任何人失去的不是什么别的生活，而只是他现在所过的生活；任何人所过的也不是什么别的生活，而只是他现在所过的生活。最长的和最短的生命就如此成为同一。

这是一个哲学式的分析，我们可以还原到生活中来理解。

生活中常有这种事情：来到眼前的往往轻易放过，远在天边的却又苦苦追求；占有时感到平淡无味，失去时方觉可贵。可悲的是，这种事情经常发生，我们却依然觊觎那些"得不到"的，跌入这种"得不到的总是最好的"的陷阱中，从而遗失了我们身边的宝贝。

让我们重温《钢铁是怎样炼成的》当中那段名言：

"人最宝贵的东西是生命，生命对于我们只有一次。一个人的生命应当这样度过：当他回首往事的时候，他不因虚度年华而悔恨，也不因碌碌无为而羞愧。这样，在临死的时候，他能够说：'我整个的生命和全部精力，都已献给世界上最壮丽的事业——为人类的解放而斗争。'"

我们也许可以不必在乎周围的一切，但是必须珍惜现在拥有的一切，好的、不好的，令人欢喜的、令人忧愁的。少一些遗憾，多几分坦然，即使有朝一日你将失去，那么你也会无怨无悔地说：我曾珍惜了我所拥有的。

抓住了"此刻"，就是给自己一个良好的重新开始的机会。而之后的每一个"此刻"你都能抓住；放弃了现在，就像倒下了一个多米诺骨牌，之后的无数个"现在"也会被压倒。好好把握现在吧！

第五章

生气是孩子的事情，成年人请学会冷静

因生气而冲动，只会让自己后悔不已

冲动是一种过度的情绪反应，是强烈愿望的一种表达形式。

最新的研究表明，冲动与抽烟、酗酒和吸毒有关。自杀倾向高的人和饮食有问题的青少年比较冲动。好斗、好赌、严重病态人格和注意力不集中的人冲动倾向高。

冲动是一种极其不良的情绪。一个人在气头上很容易冲动，因生气而冲动只会让一个人的生活一团糟。

早晨八点是上班的高峰期，章名开车去上班，由于车流量很大，眼看就要迟到了。车龙好不容易向前移动了一点，可前面的司机偏偏像睡着了一样，丝毫不动弹。章名开始冒火了，拼命地按喇叭，可前面的司机依然不为所动。章名气极了，他握住方向盘的手开始发白，仿佛紧紧地卡住前面司机的脖子，额头开始冒汗，心跳加快，满脸怒容，真想冲上去把那个司机从车里扔出来！

又过了一会儿，车还是停滞不前，他实在无法控制自己了，终于冲上前去，猛敲车门。前面的司机也不甘示弱，打开车门，冲了出来。就这样，一场恶斗在大街上开始了，结果章名打碎了那个人的鼻梁骨，犯了故意伤人罪，等待他的将是法律的严惩。这下不仅没赶上上班的时间，反而连工作也彻底丢了。

冲动的情绪其实是最无力的情绪，也是最具破坏性的情绪。

许多人都会在情绪冲动时做出使自己后悔不已的事情来，因此，应该采取一些积极有效的措施来控制自己冲动的情绪。

1. 用沉默来对抗心中的冲动

当你被别人无聊地讽刺、嘲笑时，如果你顿时暴怒，反唇相讥，则很可能引起双方争执不下，怒火越烧越旺，自然于事无补。但如果此时你能提醒自己冷静一下，采取理智的对策，如用沉默作为武器以示抗议，或只用寥寥数语正面表达自己受到的伤害，指责对方的无聊，对方反而会感到尴尬。

2. 进行自我暗示和激励

自制力在很大程度上就表现在自我暗示和激励等意念控制上。意念控制的方法有：在你从事紧张的活动之前，反复默念一些建立信心、给人以力量的话，或随身携带座右铭，时时提醒激励自己。在面临困境或身临危险时，利用口头命令，如"要沉着、冷静"，以组织自身的心理活动，获得精神力量。

3. 进行放松训练

研究表明，失去自我控制或自制力减弱的情况，往往发生在紧张心理状态中。当你感到紧张、难以自控时，可以进行些放松活动或按摩等，可以提高自控水平。

4. 培养兴趣，怡养性情

你平时可进行一些有针对性的训练，培养自己的耐性。可以结合自己的业余兴趣、爱好，选择几项需要静心、细心和耐心的事情做做，如练字、绘画、制作精细的手工艺品等。

不要让小事情牵着鼻子走

为小事而抓狂，是很多人都有的情绪，也正是因为这样，往往会因小而失大。学会控制自己的情绪，你才能成为胜利者。

在非洲草原上，有一种不起眼的动物叫吸血蝙蝠，它的身体极小，却是野马的天敌。这种蝙蝠靠吸动物的血生存。在攻击野马时，它常附在野马腿上，用锋利的牙齿迅速、敏捷地刺入野马腿部，然后用尖尖的嘴吸食血液。无论野马怎么狂奔、暴跳，都无法驱逐这种蝙蝠，蝙蝠可以从容地吸附在野马身上，直到吸饱才满意而去。野马往往是在暴怒、狂奔、流血中无奈地死去。

动物学家们百思不得其解，小小的吸血蝙蝠怎么会让庞大的野马毙命呢？于是，他们进行了一次试验，观察野马死亡的整个过程。结果发现，吸血蝙蝠所吸的血量是微不足道的，远远不会使野马毙命。动物学家一致认为野马的死亡是它暴躁的习性和狂奔所致，而不是因为蝙蝠吸血。

一个心智成熟的人，必定能控制住自己所有的情绪与行为，不会像野马那样为一点小事抓狂。当你在镜子前仔细地审视自己时，你会发现自己既是你最好的朋友，也是你最大的敌人。

上班时堵车堵得厉害，交通指挥灯仍然亮着红灯，而时间很紧，你烦躁地看着手表的秒针。终于亮起了绿灯，可是你前面的车子迟迟不启动，因为开车的人思想不集中。你愤怒地按响了喇叭，那个似乎在打瞌睡的人终于惊醒了，仓促地挂上了挡，而你却在几秒钟里把自己置于紧张而不愉快的情绪之中。

美国研究应激反应的专家理查德·卡尔森说："我们的恼怒有80%是自己造成的。"卡尔森把防止激动的方法这样归结："请冷静下来！要承认生活是不公正的。任何人都不是完美的，任何事情都不会按计划进行。"

理查德·卡尔森的一条黄金法则是："不要让小事情牵着鼻子走。"他说："要冷静，要理解别人。"他的建议是：表现出感激之情，别人会感觉到高兴，你的自我感觉会更好。

学会倾听别人的意见，这样不仅会使你的生活更加有意思，而且别人也会更喜欢你。每天至少对一个人说你为什么赏识他，不要试图把一切都弄得滴水不漏；不要顽固地坚持自己的权利，这会花费不必要的精力；不要老是纠正别人，常给陌生人一个微笑；不要打断别人的讲话；不要让别人为你的不顺利负责；要接受事情不成功的事实，天不会因此而塌下来；请忘记事事都必须完美的想法，你自己也不是完美的……这样生活会突然变得轻松得多。

停止生气，用"给予"代替"怒气"

当别人让我们不高兴时，很多人的第一反应就是生气：你凭什么让我不高兴啊，我得报复一下，让你也不高兴。事实上，这种报复的行为不仅会伤害别人，更会伤害自己，到最后，只能让你的人际关系越来越差。

可如果变换一种方法呢？比如，当别人惹你生气时，你却依然给予别人相应的尊重，甚至比以前更爱别人，更尊重别人，你会收获意想不到的惊喜。

很久以前，有一个名叫雪的女孩出嫁了，出嫁之后，雪跟丈夫和婆婆住在一起。婚后只过了极短的时间，雪就发现她根本无法与婆婆相处。她们的性格有天壤之别，雪经常被婆婆的一些习惯搞得很生气。不仅如此，婆婆还不断地苛责雪。

日子一天一天地过去。雪和她的婆婆没有一天能停止吵闹和争斗。但更糟的是，迫于舆论压力，雪不得不向她的婆婆"俯首称臣"，时时处处听命于婆婆。天长日久，家中所有的愤怒和不快越积越多，雪的丈夫夹在当中也痛苦不堪。

最终，雪再也受不了婆婆的坏脾气和颐指气使。她决定不能再这样忍气吞声下去了，她必须救自己。

于是雪去找她父亲的一位朋友，卖中药的郑先生。她将自己的处境告诉了他，并问他是否可以给她一些毒药，这样她就能一了百了，把所有的问题都解决掉。郑先生想了一会儿，最后说："我可以帮你解决问题，但你必须听我的话，按照我讲的去做。"雪说："好的，我会遵照你说的每一个字去做。"郑先生进了里屋。几分钟过后，他从里面出来，拿着一包草药。他告诉雪："你不能用见效快的毒药除掉你婆婆，因为那样会让人怀疑到你。因此，我给你的几种中药是慢性的，毒性将会在你婆婆体内慢慢起效。你最好天天都要给她做饭，并放少量的毒药在她的菜里面。还有，为了让别人在她死的时候不至于怀疑你，你必须对她恭恭敬敬、如履薄冰。不要同她争吵，对她言听计从，对待她像对待亲生母亲一样。"

雪答应下来。她谢过郑先生，急急赶回家，开始实施她谋杀婆婆的计划。

几个星期过去，几个月也过去了，每一天，雪都精心烹制有"毒药"的饭菜伺候婆婆。她记得郑先生说过的话，因此控制住自己的脾气，服从她的婆婆，对待她像对待自己的亲生母亲一样，就这样半年过去了，整个家都变了样。雪将自己的情绪控制得很好，她甚至发现自己几乎不会动怒，更不会像以前那样被婆婆的言行气得发疯。半年里她没有跟婆婆发生过一次争执，婆婆在她的眼中，也比以前和善得多，容易相处得多了。

婆婆对雪的态度也改变了，她开始像爱自己的女儿一样爱雪。婆婆不住地向邻里街坊和亲戚朋友夸雪，说她是天底下能找得着的最好的儿媳妇。雪和婆婆真的像亲母女一样和睦相处了，看到这一切，雪的丈夫由衷的高兴。

一天，雪又去见郑先生，再次寻求他的帮助。她说："郑先生，请帮我制止那些毒药的毒性，别让它们杀死我的婆婆！她已经变成一个好女人，我爱她像爱自己的母亲一样。我不想她因为我下的毒药而死。"

郑先生颔首微笑："你尽管放心好了，我从来没给你什么毒药，我给你的药只不过是些滋补身体的草药，那只会增进她的健康。其实，唯一的"毒药"在你的心里，在你对待她的态度里。值得庆幸的是，那已经被你给她的爱冲洗得无影无踪了。"

事实就是如此，在家庭生活中，只要你肯多付出一点，多给予家人一份关爱，幸福就会来到你的身边。

你给予家人的幸福和快乐越多，你自己得到的幸福和快乐也就越多；反之，一遇上家人对自己的苛责，就生气甚至产生怨恨，那么你得到的快乐就越少。春播秋收，春华秋实，一分耕耘一分收获，让我们都来选择用爱来对待别人吧，我们将得到双倍的收获。

在生气之前，不妨先了解一下真相

有时，你眼睛所看到的事情往往与事实还有一段距离，因此，我们在了解事情的真相之前一定不要冲动。

有一对年轻的夫妇，妻子因为难产死去了，不过孩子倒是活了下来。丈夫一个人既工作又照顾孩子，有些忙不过来，可是找不到合适的保姆照看孩子，于是他训练了一只狗，那只狗既听话又聪明，可以帮他照看孩子。

有一天，丈夫要外出，像往日一样让狗照看孩子。他去了离家很远的地方，所以当晚没有赶回家。第二天一大早他急急忙忙往家里赶，狗听到主人的声音摇着尾巴出来迎接，可是他却发现狗满口是血，打开房门一看，屋里也到处是血，孩子居然不在床上……他全身的血一下子都涌到头上，心想一定是狗的兽性大发，把孩子吃掉了，盛怒之下，拿起刀把狗杀死了。

就在他悲愤交加的时候，突然听到孩子的声音，只见孩子从床下爬了出来，丈夫感到很奇怪。他再仔细看了看狗的尸体，这才发现狗后腿上有一块肉没有了，而屋门的后面还有一只狼的尸体。原来，是狗救了他的孩子，而狗却被他误杀了。

培根说："冲动就像地雷，碰到任何东西都一同毁灭。"如果你不注意培养自己冷静平和的性情，碰到不如意的事就暴跳如雷，情绪失控，就会让自己陷入自我戕害的囹圄之中。

滨生得高大魁梧，可心眼却小得像芝麻粒一样。他的妻子玲在工厂里做工，上夜班的时候滨送到厂门口，下班时早早就在门口等着，结婚3年来一直如此，把玲的那帮姐妹们都羡慕得不得了，只有玲自己心里明白是怎么一回事。

总是这样也就罢了，可滨心里还是直犯嘀咕。为此滨心生一计，很认真地对玲说："这几天我们单位忙，不能去接你了。晚上你自己回家吧。千万要小心点。"

到了妻子快下班的时间，滨把自己全副武装起来，头上戴着棒球帽，一个大口罩把脸捂得严严实实的，还把风衣的领子竖了起来，躲在妻子工厂的大门旁边。

到了下班的时间，工人们一拨一拨地走了出来，可就是没有玲，滨的心不由得揪了起来。人越来越少了，滨的心也越来越急。在疏疏落落的人群快要走尽的时候，滨才看见玲和一个男子一起走出了厂门，两个人一边走还一边说着什么，显得很亲密的样子。

本来就一肚子火的滨再也忍不住了，一个箭步就冲到了俩人面前，一把抓住玲的头发："老子稍微一放松，你就找野男人。"

其实，跟玲一起出来的男子是车间的党支部书记，因为第二天厂子里要组织积极分子搞活动，下班时找玲谈了谈。当听玲说丈夫不能来接她时，就决定送她一段。

一场疑心病引发的大闹，让玲在厂子里抬不起头来，她与滨的姻缘也走到了尽头。

每个人都有冲动的时候，尽管它是一种很难控制的情绪，但不管怎样，我们一定要努力去做。否则，一点细小的疏忽，就可能给自己也给别人造成伤害。在了解真相之前，千万不要冲动。

人往往会低估自己应对不幸的能力

面对困难和挫折，很多人往往觉得自己无能，没有足够的能量去应对接二连三的挫折。于是一方面怨恨上天对自己不公平，另一方面又因自己无能而生气。

一个农夫在谷仓前面注视着一辆轻型卡车快速开过他的土地。他14岁的儿子正在开着这辆车，由于年纪还小，他还不够资格考驾驶执照，但是他对汽车很着迷，而且似乎已能够操纵一辆车子。因此，农夫就准许他在农场里开这辆客货两用车，但是不准开到外面的道路上。

突然之间，车子翻到水沟里去了，他大为惊慌，急忙跑到出事地点。他看到沟里有水，而他的儿子被压在车子下面，躺在那里，只有头的一部分露在外面。

这位农夫并不很高大，他有170厘米高，70公斤重。但是他毫不犹豫地跳进水沟，把双手伸到车下，把车子抬了起来，高度足以让另一位跑来援助的工人把那失去知觉的孩子从下面拉出来。

当地的医生也很快赶来，给男孩检查了一遍，只有一点皮肉伤，其他毫无损伤。

这个时候，农夫觉得很奇怪，他去抬车子的时候根本没有停下来想一想自己是不是抬得动。由于好奇，他决定再试一次，结果根本就抬不动那车子。

当农夫看到自己的儿子快要淹死的时候，他的心智反应是要去救儿子，而再也没有其他的想法，他一心只想着把压着儿子的卡车抬起来。可以说是精神上的肾上腺引发出潜在的力量。而如果情况需要更大的体力，心智就可以产生出更大的力量。

既然人们有足够的能量可以摆脱失败的困境，当我们遇到失败的时候就不要悲观绝望，更没有必要痛不欲生。

心理学研究认为，人们往往过分夸大了失败的严重性和不利因素。不少人往往过分夸大形势危机带来的潜在惩罚与失败，他们用自己的想象力来和自己作对，把事情小题大做，仿佛一次小小的失败就是生死攸关的大事。换句话说，当这些人面对困难的时候，他们往往不相信自己应对不幸的能力。

英国著名哲学家罗素说过："遇到不幸的威胁时，认真而仔细地考虑一下，最糟糕的情况可能是什么？正视这种不幸，找到充分的理由使自己相信，这毕竟不是那么可怕的灾难。这种理由总归是存在的，因为在最坏的情况下，在个人身上发生的一切决不会重要到影响世界的程度。你坚持面对最坏的可能性，怀着真诚的信心去对自己说：'不管怎样，这没有太大的关系。'这样，经过一段时间以后，你会发现你的忧虑减少到一个非常小的程度。也许你需要把这个过程重复几次，但是到最后，你面对最坏的情况也不退缩，你的忧虑已经完全消失，取而代之的是一种喜悦的心情。"

接受自己的失误，但不要全盘否定自己

每个人都会犯错，都会失败，失败之后，谴责自己是很正常的，起码说明你已经意识到了问题的错误，而不是逃避责任。但

如果老是抓着自己的失误不放，只会让你越想越生气。适度的自责是好的，但是过了度，只会引爆你的愤怒情绪。特别是当这件事情意义重大的时候，如果这件事失败了，在以后的生活中，一个人想起来更容易生气。

李阳是某知名大学旅游管理专业的学生。有一年暑假，他去当导游，由于他热心地为几名国外旅客多做了很多额外的服务，因此几个新加坡来的游客就邀请他去新加坡观光。李阳非常高兴，毕竟他还没有过出国的经历。

李阳被安排到"易居饭店"，邀请他来旅游的人预付了他的账单就离开了。他这时真是乐不可支。当他准备就寝时，才发现由于自己的粗心大意，放在口袋里的皮夹不翼而飞。他立刻跑到柜台那里。

"我们会尽量想办法。"经理说。

第二天早上，仍然找不到，李阳没有一分钱。因为一时的粗心马虎，让自己孤零零一个人待在他乡，应该怎么办呢？他越想越生气，越想越懊恼，于是想到了很多办法来惩罚自己。

这样折腾了一夜之后，他突然对自己说："不行，我不能再这样一直沉浸在悔恨当中了。我要好好看看这里的风景。说不定我以后没有机会再来了。"

于是，他立刻动身，徒步参观了早就想看的风景和名胜古迹。当李阳玩了一天又回到饭店时，工作人员在他的房间发现了他丢失的钱夹。李阳特别高兴，如果他一直抓住过去的错误不放，那么这宝贵的一天就会白白溜走。

我们所有的人都会犯错，而且将来还会继续犯错。放下过去的错误，向前看，才能有更多的收获。我们一生当中会犯很多错误，如果每一次都抓住不放，甚至开始否定自己，那么我们的人生恐怕只能在懊悔中度过。很多事情，既然已经没有办法挽回，就没有必要再去惋惜悔恨了。与其在痛苦挣扎中浪费时间，还不如重新找到一个目标，再一次奋发努力。所以，一旦你失败了之后，请务必注意以下几点：

1. 接受失败

我们要把已经发生的一切都看成是正常的，要勇敢地承认现实，接受现实。如果失败已成定局，不要因此后悔不已。切记，世上没有卖后悔药的，我们谁也不能再改变过去。

2. 学会原谅自己

不要因犯错误而痛责自己，一定要学会原谅自己，为自己找出失败的原因，在接受教训的同时开脱自己。更不要因此否定自己。失败者往往放大自身的不足，把自己看得一无是处。你越是在失败时，就越应当从自己身上找出更多的优点才是。

3. 总结教训，引以为戒

总结经验教训，避免再犯类似的错误，使失败对你变得更加有价值。就像卡耐基所说的："唯一可使过去错误有价值的方法，是很平静地分析我们过去的错误，而由错误中得到教训。"

愤怒往往是因为思绪控制了行为

现实生活中，有的人很容易发怒，一件芝麻大的小事可能会令其大发雷霆，周围的人常常为其定性为"臭脾气"。

或许这些人本质并不坏，甚至还可能是非常善良、热心肠，但往往因为他们这种易怒的"臭脾气"，很伤朋友之间的感情，于是在人际交往中越来越孤立。

从前，有个爱乱发火、脾气很坏的小男孩，他的父亲为了使儿子改掉这个坏毛病，决定教育教育他。一天，他给小男孩儿一大包钉子，让他每发一次脾气，就用锤子在他家后院的栅栏上钉上一颗钉子。第一天，小男孩发了38次脾气，在栅栏上就钉了38颗钉子。

过了几个星期，由于学会了控制自己的愤怒，小男孩每天在栅栏上钉钉子的数目逐渐减少。长期的经验使他发现控制自己的坏脾气比往栅栏上钉钉子要容易得多……最后，小男孩终于改变了很多，变得不爱发脾气了。他把自己的变化和感受告诉了父亲。父亲建议他说："如果你能坚持一整天不发脾气，就从栅栏上拔下一颗钉子。"几个月过去了，小男孩终于把栅栏上所有的钉子都拔掉了。

这一天，父亲拉着他的手来到栅栏边，对小男孩说："儿子，你按我说的话做得很好。但是，你看一看那些钉子在栅栏上留下的那些小眼，栅栏再也不会恢复原来的样子了。当你向别人发脾气的时候，你的言语就像钉子一样，在人们的心中留下难以愈合的疤痕。以后不管你怎么挽救，伤害永远存在。你要记住，要想不给别人带来伤害，唯一的办法就是控制自己的脾气，不要轻易向别人发火，学会帮助别人，你才会有越来越多的朋友。"

其实，我们何尝不是故事中的小男孩，对别人发牢骚、使性子，全然不顾别人的感受。恶语伤人与向别人投匕首没什么两样，如果任由不良情绪支配，就会成为情绪的奴隶，并吞下因恶劣情绪所造成的恶果。"动心忍性"，能够"增益其所不能"，成大事者必能宠辱不惊，心态平和，赢得别人的尊重和信任。所以，无论你是伟人还是普通人，能够时刻控制好自己的情绪，就能够收获最大的快乐。

有位哲人说过，愤怒是腐蚀生活的毒药。谁都有不顺心的时候，这是人之常情，但是，我们必须学会控制情绪。生活和事业上的成功，往往在很大程度上依赖于控制情绪和严格的自我约束。弱者任思绪控制行为，遇到问题便失去理智，大动肝火，往往会影响人际交往。相反，强者能让行为控制思绪，懂得克制自己，不会乱发脾气，朋友当然也是越来越多。

每天当好一个情绪稳定的成年人

第六章

爱不仅仅是感觉，更是行为

爱不仅仅是感觉，更是行为

林清玄说："光是充沛的爱还不足，与爱同等重要的是努力的实践与真实的表达，没有透过实践与表达的爱，是无形、虚妄的。"

爱是这个世界上最让人揣摩不透的东西，当爱的感觉来临时，我们自己都诧异怎么会爱上那样一个人？爱的感觉瞬息变幻，无法捕捉，只有透过实实在在的行动才能触摸到。

爱某人如此，爱某物亦如此。如果爱仅仅停留在感觉层面，就会变得神秘，变得虚无缥缈。爱一个人、选择一份工作或一件艺术品等等都是爱，怎样才能留住爱的感觉呢？

著名作家毕淑敏说："爱怕沉默……爱需要行动……"

爱，就是接受。用一种接受的心态去爱某人、某物，这些原本可能是你不熟悉的，但是没有关系，当你决定去爱他时，你会用心去了解，用心去体味，用行动去实践。不管你选的人是否完美，不管你遇到的事物是否价值连城，不管你在此之前是否有相关的经验，从当下开始，一切都变了，都变得具有趣味。

爱，需要行动。用行动去证明在爱着某人、某物。爱一个人，开始关心他是否快乐；爱一件物，关心它是否被照顾得很好。爱一个人，开始用行动赢得幸福；爱一件物，开始主动学习相关的知识，搜集相关的资料，以确保自己有能力照顾好它。

爱，需要心存感激。对自己爱的人或物心存感激。心存感激是爱的起点，如果你不能够发自内心的感谢对方的存在让你有了爱的感觉，那将是很危险的事情。发自内心的感激，会让你不由自主地关心所爱的人或物。很多时候，爱因为感激的消失而死亡，而人们还在挣扎着到底哪里出了问题。

爱一个人的时候，感激他的存在，就会以对方的喜好为关注点。当对方不开心时，你担心，希望做些事情让他开心起来；当对方生病时，你心生怜惜，不会一句"多喝点热水"敷衍了事，而是细心呵护，床前伺候；当对方丢三落四时，你不觉得讨厌，耐心地帮对方整理，并善意提醒对方养成好习惯；当对方忽略你时，你也不会疑心重重，更不会无休止的指责、抱怨，而是学着体谅对方。

爱一个人的时候，不要仅仅停留在口头上，随着年龄的增长，每个人都会走出耳听爱情的状态。只有心存感激、感谢相遇、彼此珍惜，才能在每一个当下时刻去践行爱，才能让爱继续滋长，才能留住爱的感觉。

不要把爱仅仅停留在感觉层面，而要用实践延续爱。这也适用于生活的其他方面，对于家人，你的爱是怎样证明的，你爱父母，是否有行动证明，是否关心父母的身体，是否经常陪父母聊天谈心；对于朋友，你是否有实际行动留住友情，是否够"朋友"；对于工作，你是否以爱之心，让自己留住对工作的爱，让自己在工作中感受快乐。

你爱父母，听到《常回家看看》就落下泪来，可是，你却很少回家看看，也很少给父母打电话。你不知道打电话说什么，父亲的望子成龙让你感到压力，母亲的唠叨让你感到心烦，对于兄弟姐妹，你更是没时间去关心一下。你对家人的爱，是否停留在了想象里？

你很渴望友情，希望得到肝胆相照的友情，可是，当朋友聚会的时候，你在忙着装修房子。当朋友公司开业的时候，你忙着出差。当朋友遇难的时候，你忙着陪客户。你忘记了友情是需要维护的，你忘记了你们最初在一起时的美好，忘记了感谢对方出现在你的生命里。对于友情，其实，你只是口头上说说而已。

你热爱工作，可是，你工作时并没有感到享受，你抱怨工作的繁重，抱怨薪酬不涨。你忽略了自己在解决问题中的快乐，你忽略了攻克一个项目时的成就感，你更忽略了工作曾给你安身立命的机会。当你把精力用在抱怨时，你对工作的爱也就消失了。你对工作的爱，停留在了表面，却不是发自内心的珍惜。

当我们以爱之名陪着一个人，做着一件事，照顾着一件物时，我们的爱不能仅仅停留在爱的感觉层面，更需要用实际行动表达你的爱。当我们的内心和我们的行动一致时，我们得到的爱才越长久。

爱情也要设定边界

边界，即设限，是自我价值表达的方式，通过设限来突出自己是个独立的个体，需要被尊重。

在爱情的世界里学会设定边界、尊重边界，才能为双方赢得更广阔的人生。"把他人的想法还给他人，自己的想法留给自己"，只关注对方或只关注自己都不算是合理的设定边界。

很多人认为两个亲密的人不需要边界，认为"你爱我，就应该一切听我的"或者"我爱你，我愿意为你做任何事情"，这两种想法都会给爱情中的两个人带来困扰。

设定边界，证明两个人的关系是平等的，不存在谁控制谁，双方都为自己的行为和情感负责。如果没有边界感，就会出现一方控制一方的自私行为，就会出现嫉妒、压抑、逃避的心理，让双方陷入痛苦。

一位心理咨询师接到这样一则案例。一对恋人各自哭诉自己的痛苦，双方很爱对方，可是相处的时候特别纠结，两个人一天打二十多个电话，男方要随时给女生汇报行踪和具体事宜，如果开会不方便的话，就要以短信形式告知。男方不能和其他女性接触，即使正常的同事关系，因工作原因搭班，也要向女友解释很久。只要男生身边有女生存在，女友就会特别警觉，为此两个人争吵不断，甚至动过手。如果没有第三个异性，他们会很好，有共同的爱好，共同的人生目标，两个人一起看电影、下棋、无话不说，是难得的恋人典范。

可惜，这只能是如果，两个人的争吵从未间断过，都觉得很受伤，却又像是习惯了纠缠对方，谁也离不开谁。咨询师给他们做咨询的时候提到了边界感——"如果你想让爱情持久，就必须学会设定边界。"

"什么？"女生说"我对他毫无保留，他不应该也这样对我吗？"

"是的"咨询师说"他是你的恋人应该对你开诚布公，但他得首先做一个人"，这句话让女生陷入了沉思。

那么，在爱情中，该怎么设定边界呢？

首先自己要先做一个独立的人，这样你才能拥有独立的思想和行动，才能为你的爱情负责。记得，不要被对方绑架了，如果他或她是一个特别喜欢控制你的人，一定更要有警惕心。如果在刚开始相处的时候没有设定边界，后期就很难设定了。所以，在你开始一段恋情的时候，要清醒地告诉自己想要在爱情中获得什么，并让对方知道你是个什么样的人，告诉对方你的边界在哪里。比如：你接受不了出轨，就告诉对方如果爱就在一起，如果不爱就不要勉强，一旦发现出轨行为就分开。如果对方真出轨了，就要分开，如果你选择原谅，边界就失去了意义，对方还会出现第二次出轨。

假设你喜欢安静的工作，希望对方在你工作的时候不要打扰你，那么就告诉对方，你工作的时候需要思考，让他多一些耐心。如果你不将边界告诉对方，你工作的时候他在一旁一会儿让你配合做这，一会儿又让你配合着做那，你就很难高效工作。你即使勉强自己去附和对方，对方也会感到你心不在焉，也会觉得不满意。

如果你知道如何设限，就会找到让爱情更长久的方式。上面提到的心理咨询案例中的恋人，如果男生不想让女生控制自己和异性的正常交往，就应该告诉她自己的想法，告诉对方，"工作中肯定会有女同事、女客户，如果连最基本的信任都没有办法给我的话，我们两个估计没有办法继续下去"。说这话的时候，要沉着冷静，带着真诚，绝对要避免威胁的味道。如果你认真地告诉了对方你的想法，仍然得不到理解，可以选择其他的渠道解决问题，比如建议对方做个心理咨询，或者结束恋情。

很多人在陷入爱情的时候总想着为对方可以付出一切，信誓旦旦，可是，相爱容易相处难，如果，一开始你就失去了边界感，对方就会得寸进尺。如果没有边界感，你的付出会带有牺牲的味道——希望以牺牲自己的方式得到对方的保证。一旦对方无法全部如你所愿，就会感到很受伤。如果你频繁破坏对方的边界，就是不尊重对方，一旦对方开始反省，拒绝你的侵犯时，你就会感到不安全。

所以，为了将爱进行到底，爱情中的双方都需要设定边界，相互尊重，互不干涉，自由快乐的相爱。

你也对爱情绝望了吗

罗伯特·沃勒在《廊桥遗梦》里说："我们每个人都生活在各自的过去中，人们会用一分钟的时间去认识一个人，用一小时的时间去喜欢一个人，再用一天的时间去爱上一个人，到最后呢，却要用一辈子的时间去忘记一个人。"爱上了，为什么还要忘记呢？大概是因为各种原因没有走到一起吧。爱情是个难题曾难倒了多少英雄好汉，又美好得让多少豪杰继续为之奋斗不息。

你也曾在爱情里跌倒，爬起来，再跌倒……不是说第一次懵懂，第二次刻骨，第三次就是一生吗？为什么你的每一次恋爱都是失败告终，都是各怀怨恨的离开。

"天空越蔚蓝越怕抬头看，电影越圆满就越觉得伤感"，你是一个非常看重感情的人，偏偏应了那句"多情却被无情恼"，每一次恋爱都伤痕累累。

"就这样吧，情至于此，情止于此。"你对自己说，便不再对爱情抱有希望，做好了孤独一生的准备。

朋友觉得你不应将自己封闭起来，至少走出去才有机会遇到更好的人，"我这样也很好啊，我根本就不适合谈恋爱，别操心了"你说着"好的都被人选走了，我万一再遇到一个不靠谱的，真的会体无完肤的"。

你的个人问题成了亲人、朋友关注的焦点，他们一遍一遍的

每天当好一个情绪稳定的成年人

催你，帮你张罗相亲，这让你很烦躁，你决定去见一次。后来每次提到那天的相亲时就更加固了你单身的想法，你不知道对方怎么了，一见到你就刻意与你保持距离，生怕你看上他似的，"估计是个同性恋"你脑子里蹦出这样的想法。"天哪，太崩溃了，我绝对不再去相亲了"你对自己说。

有这样一个实验，实验者往玻璃杯里放一只跳蚤，跳蚤轻易地就跳了出来。试验很多次，结论都是一样。根据测试，跳蚤跳的高度可以达到它身体的 400 倍。后来实验者再把跳蚤放进杯子里的同时给杯子盖上一个盖子，跳蚤无论如何也跳不出杯子。如此反复了很多次，后来他把盖子拿掉后，跳蚤再也跳不出杯子了。

"心理高度"是人无法取得成功的原因之一。你无法突破自己，获得成功爱情，其实也是因为你给了自己一个默认答案"我不可能恋爱成功"。你的信念决定了你的行动，决定了你会不会遇到合适的人，并能够寻找到更好的相处模式。

现在来反思一下，你的信念是否阻碍了你获得完美爱情。你是真正渴望爱情还是发自内心地觉得自己不可能遇到真爱，如果，你觉得自己不可能找到知心爱人的信念更强的话，那你真的无法找到对的人。所以，你需要改变自己的信念，给自己一个积极的暗示，按照以下步骤去改变信念：

首先分析一下自己固有的信念。你对爱情的信念决定了你是否能得到爱情，如果你因为恋爱失败而否定自己，觉得自己不可爱，不配拥有爱情的话，那你也将爱情推远了。

其次改变固有的信念。如果固有的信念成为了你的羁绊，要果断改变它。建议你读一本关于自我价值的书，通过认知重组、冥想等等方式改变原有的信念。通过对自我的重新认识，发现自己的长处，进行自我肯定。

当改变固有的信念后，要及时建立新的信念。在实践中建立信念，按照积极的自我暗示去建立信念，当现实中遇到问题时，问问自己"一个积极的理性的人，他会如何处理这样的恋爱问题？"然后按照你设想出来的解决方法去做，让自己成为那个积极理性的人。在信念建立过程中，只要你迈开了第一步，就会给你带来很大信心，这是让自己重拾自信的好办法。

当你改变了信念，并在现实中实践新的信念时，你会发现不一样的自我。"或许，我还没遇到对的人"，你说，"我值得更好的爱情"。你对爱情的期望也会变化，之前的你"缠着对方，担心失去"，现在的你更愿意给双方自由，让爱情成为成长的方式，希望因为爱情，让双方的世界变大，而不是变得更小。

余生很长，你别失望。现在，你需要认真地想一想自己渴望什么样的爱情了，按照你现在的期望去寻找爱情，智慧的去处理恋爱中的事情，就不用孤单一辈子了。

再甜蜜的恋爱也不能昏了头

鲁迅在《伤逝》中写过一句话：人必生活着，爱才有所附丽。女人生来感性，会把爱看得格外重要，有时甚至可以为爱情抛弃生活的其他内容，甚至爱到没有自我。这句话讲的是女人在恋爱时容易冲动，容易爱到没有自我。其实，不管是女性还是男性，在恋爱时都可能存在失去理智的情况。

你是否也曾因爱得太投入而忘了自我？不要急着否定。还记得吗？那年初次遇到他时，你的心一直扑通扑通跳，无法正常呼吸，你觉得自己找到了真爱。可是后来，你们还是各奔东西了。

朋友劝你不要太主动，要多观察观察对方，你觉得没有必要了，你相信直觉。"确认过眼神，他就是我要找的人"，恋爱中的你任性得很。你们一起看电影，谈天说地，很开心；你们一起旅行，一起感受世界的新奇；你们信誓旦旦，甜蜜得羡煞旁人。

为了让亲人朋友放心，你把旅行带回的礼物分给他们，告诉他们"你想要的不是全世界，而是一份简单的陪伴，一份关心的态度和一辈子的依赖。""我知道自己在做什么，他\她绝对是最合适的人"。

后来，你精心呵护的爱情怎么悄悄变了呢？你还记得你们第一次争吵，是因为在一起做饭时因不小心把汤洒了一地，你们都觉得不是自己的错，是对方不小心。虽然事情很小，你们争吵的时间也不长，但是，却给热恋中的你泼了一盆冷水。后来，争吵就成了家常便饭，你们相互看不顺眼，失望一次一次攒下来，最终选择了分道扬镳。你自己也纳闷儿，明明那么投入、那么真诚的一份爱情怎么就慢慢变坏了呢？

让我们来看看你陷入感情之前犯的主要错误：没有认清对方的本质就陷入爱情。

初遇爱情时，人们很容易陷入盲目状态，满心欢喜，满脑子都是对方的好。当然，也会以最好的状态出现在对方面前，尽量把自己好的一面展现出来，把自己的缺点掩藏。有时候，我们还会为对方找理由，比如，你遇见的是一个作息不规律的人，可是你会为对方找理由说"他精力充沛，身体好"。他明明喜欢去夜场浪费时间，你却为他找理由说"他人缘好，路子广"。当你"处处为对方着想"时，就会把对方的缺点忽略掉，造成一个认识的盲区。当你要给对方"好印象"时，也会刻意把自己的缺点暂时屏蔽了，给对方造成一个认识盲区。比如，你不乐意做某件事情，当他\她提出要求时，你欣然领命；你不喜欢吃甜食，却不好意思拒绝对方的好意，吃了很多糖果。你为了让对方开心或担心对方不开心做了很多自己不喜欢的事，委屈自己也在所不惜，但这只适合短期在一起，时间长了，你必然会产生抱怨，会有情绪。

很多的认识盲区，导致我们无法看清对方的本质，而往往是本质的东西决定了你们今后相处是否愉快。

为了避免因认识盲区带来困扰，你一定要学会克制自己，在确定恋情之前要观察、观察、再观察。在观察的时候要注意理性分析，看到对方的优点，也要看到对方的缺点，并分析一下自己能接受什么，不能接受什么。如果对方身上存在你无法接受的缺点，比如赌博，不管多喜欢都要果断放弃。如果对方身上的缺点你能接受，比如，饮食习惯不好，那在相处时就不要刻意去要求对方和你在饮食方面保持一致。千万不要想着先恋爱，再去改变对方，那样的话，你一定会饱尝失败的心酸。

　　此外，要做真实的自己，这样有利于对方了解你。不要担心对方不喜欢，只管展现真实的自己。如果你不喜欢吵闹的场合，就不要勉强自己陪对方去 KTV 唱歌；如果你的爱好是看电影，他去唱歌的时候，你可以选择去看电影。你只管享受做自己的快乐，不用担心，这远比你选择隐藏缺点好很多。如果你选择委屈自己去讨好对方，相信有一天，你突然做回自己时，对方会感到背叛，你们的矛盾也就爆发出来了。

　　总之，遇到再甜蜜的恋爱也不能昏了头，不要盲目陷入恋情，爱情不是"我什么都可以为你做"的誓言，更是"久处不厌"的现实。陷入爱情太快是一件很危险的事情，轰轰烈烈的爱情也需要走过平平淡淡的人生。慎重的开始，给双方多一些时间，确保收获充满喜悦和满足的爱情。

不要跟着听觉走

"喜欢一个人是藏不住的,即使捂住嘴巴也会从眼睛里跑出来。"电影《他其实没那么喜欢你》里这句话让人印象深刻:如果一个人喜欢你,他\她会抑制不住地对你好,而不是仅仅靠嘴巴说些花言巧语哄你开心。所以,当一个人只知道说甜言蜜语而缺乏实际行动时,不要相信他\她是爱你的。

"我爱你"他说,你相信。"我这辈子只爱你一个人"你信。可是,你说不出他为你做了什么具体的事情。

你的朋友找你借钱,说"等有钱了,我一定还给你",你信。可是,他从来没有说过自己有钱,吃饭的时候也从来不主动买单。

交接工作时,一个同事对你说:"这工作也就这样,都得一点一点地干,有什么不懂时,你可以来问我。"

你在路上偶遇一个大学同学,两个人都很激动,寒暄很久,相互交换了名片,共同回忆了大学的老师和同学,临走时,他说"改天请你吃饭"。

你太轻易相信别人的话了,以为恋人永远会忠诚于你,以为朋友真的遇到了困难才会求助,以为同事会在你需要时随叫随到,以为老同学说要请你吃饭就等着对方电话邀约。

可是,有一天你出差提前回来时,发现男友正和别人的女人

每天当好一个情绪稳定的成年人

亲热，你不敢相信自己的眼睛。朋友刚向你借过钱就在朋友圈里晒出国旅游的照片，还有新买的奢侈品。那个口口声声会帮你的同事，在你需要帮忙时总是说"我也不懂，你自己看看材料吧"。很多天过去了，答应要请你吃饭的老同学，依然没有和你联系。

很简单，你被骗了，或者说，你太相信语言表情达意的功能了。

语言是交流思想的媒介，人们通过语言传递思想、交流感情。如果，我们不相信其他人的话，我们就无法认识社会、认识自然，甚至无法认识我们自己。然而，如果我们对于他人的语言不加以评估就全盘相信的话，就会出现被语言欺骗的情况。

验证对方语言真实性的办法就是看对方的实际作为。

当恋人向你保证"忠诚不二"时，你姑且听听，了解一下他的感情史，看看他是如何与异性相处的。如果他\她的感情经历很丰富，一边向你做保证，一边又和很多异性保持暧昧，即便甜言蜜语说得再好听，也要保持清醒，不要跟着听觉走。

朋友借钱时把你说成是他"最好的朋友"，有钱了立马还给你，你要问问他借钱做什么，了解一下他身边的朋友会有几个借钱给他。如果他真的遇到了困难，及时伸出援手是朋友应该做的，可是，如果他只是出国旅游或者是其他享受性的消费需要用钱，你可以告诉他自己也有出国旅游的计划，可是因为缺钱才一直没有出去。

当同事口口声声说"不用担心，遇到问题时来找我"时，你不要立马把对方当成了"亲人"，先看看你真的遇到问题咨询他时，他的态度，他给你提供的信息量，才能判断他是说说而已，还是真的乐于助人。

当很久不见的老同学说"改天请你吃饭"，你要清楚对方是在说客套话，还是真的要找你聚餐叙叙同窗情。如果上学的时候，你们感情一般的话，除非对方现在需要你的帮忙或你们工作有交集，否则不会一见面就邀请你吃饭。

如果恋人嘴巴特别甜，经常说爱你，又经常陪你做喜欢的事，偶尔还给你准备惊喜，他的未来计划都有你，很注意和其他异性保持距离，对你的父母也孝顺，那你就可以开心享受爱情了。

如果朋友真的遇到了难处，自己有能力的话，帮一下也无妨，毕竟多一个朋友多一条路，大家都有需要帮助的时候。

如果同事这会儿忙，交接工作时没来得及给你详细说明情况，日后你有不懂的问题问他时，他真的耐心给你指导，手把手教你怎么做，这样的好同事一定要珍惜。

如果同学真的很重视友谊，老同学聚聚餐联络一下感情也是很好的事，毕竟你们一起走过几年青春。

总之，不要跟着听觉走，别被语言欺骗了。语言会让人产生期待，如果没有行动证明的话，也会让人产生失望，甚至会伤害人。要学会倾听和观察，理性处理他人给你的语言信息，做一个智慧的人。

认可不等同于爱

尊重不等于认可，认可不等于爱。

无论在电视剧还是在现实中，我们都能见到这样的情景：

"我承认你很好，你大方得体、贤良孝顺，温柔懂分寸，可是，我不爱你。"男生说。

"你骗人，既然你懂得我的好，为什么不爱我？"女生哭着说。

是的，你很好，他承认。可是，你冷静想一想，谁规定承认你是个好人，就得爱你？

很多人在处理爱情的问题上，往往混淆"认可"和"爱"，很快陷入爱情，又发现对方不是自己想要找的人。

所谓认可是指承认、许可，接近认同。你对某人做了某事表示赞同，或者默许某人做某事，或者对某人的某方面品质感到满意。比如，你旅游住店时，对某个酒店服务员的服务满意，你可以口头表扬她，也可以写封感谢信对她表示认可。新上映一个电影，票房飙升，你观看后觉得也不错，这是认可。

认可是一种反馈机制，让我们明白怎么样和别人共事。但是，如果你对认可的理解出现偏颇，认为对方给予的反馈是认可，就是喜欢、是爱的话，就会让自己失望。事实上，认可和爱不等同，爱你的人不一定认可你的所有做法，对你做事非常满意的人也可能仅仅是你的同事。

你做事情很棒，得到对方的认可，对方对你大加赞赏，你感觉非常好，觉得人家对你有意思。你偶尔做错了事，对方指出你的错误，并批评了你，你觉得人家不爱你了。如此混淆认可与爱，你会自作多情地迷恋上某一个人，也会突然发现对方不爱自己感到很受伤。

要清楚，他有可能是因为你确实做得很好认可你。当你工作遇到难题时，很多人都觉得你可能没有办法完成任务了，等着看你的笑话。可是你很不服输，夜以继日，四处求教，终于找到解决问题的办法，并带着你的团队把工作完成了，他觉得你做得很好，反复赞美你。不要觉得他可能是爱上你了，他只是觉得你做得很好，发自内心的认可你，不一定是爱你。

也有可能，他是为了鼓励你，表现出很认可你。当你遇到困难的时候，在他面前抹眼泪，他没有什么能帮上你，又于心不忍对你不闻不问，就说一些认可你的话，表达他对你的信任。其实，他也就是礼貌性的鼓励你，并没有爱的成分。爱要比认可复杂得多。

什么才是爱呢？

有人说：爱，是心跳、是怜惜，是愿意为你做很多有意义的事。

有人说：爱情是生活里的诗歌和太阳。

有人说：爱情是理解和体贴的别名。

古往今来，有多少人不怕跋山涉水，却承受不了爱人的眼泪；多少人虽名满天下，富甲一方，却因爱而不得痛苦一生；有多少人一边渴望爱情，一边又诅咒着爱情。

英雄也好，凡人也罢，都曾因为爱情，愈挫愈勇，百战不殆。要想拥有美好的爱情，先要让自己配得上美好。我们之所以把认可等于爱，往往是因为太缺乏爱，太急于得到爱情，太渴望被肯定了。

如果一个人认可你的才华或认可你所做的事，说明不了他爱你。当一个人不光认可你，心里有你，时时处处对你好，做了很多事情证明他爱你时，才可以把他的爱当真。电视剧《我的前半生》里贺涵多金睿智，是很多女性心目中的男神，再忙再累，只要子君需要帮助时，他总说"我这会儿恰好没事情做"，帮助罗子君搞定一切，无论是工作中的难题，还是家庭的琐事，他都处处为她着想。包含真心的付出，是爱情的前提，如果没有，不要随便将别人的认可误认为是爱。

你也许会非常认可某个异性，看到他身上的闪光点，发现他做事情有条理且效率高，总之，他的很多做法和想法你都比较认可，不要迷恋他，因为你认可他，不代表你就爱他。在你和他相处的时候，就要让自己学会冷静对待自己的情绪，不要盲目给自己贴上爱上某人的标签。

认可是理性思考的结果，爱则是源于更深层次的需要，它伴随着动心、付出，有时非常理性，有时完全感性。每个人都渴望得到别人的认可，让自己更自信。每个人也都渴望遇到真正的爱情，方不负青春。我们可以得到很多人的认可，却不能包揽很多人的爱。认可不等于爱。

将目光倾注于"爱的价值"上

念念不忘，必有回向。你将关注点用在什么方面，就会得到什么。生活中在所难免会有不如意的事情，情绪很容易被点燃，如果遇到问题时就火冒三丈，必将影响自己在他人心目中的印象。那么，我们该怎么做的？

当遇到问题时，会引起情绪波动，如果过于计较就会困扰自己。事情本身可能不太糟糕，关键是你怎么看待它，你期望从中获得什么。

如果，你忘记了从爱的角度看问题，总抱怨"我想这样，他们非要那样""为什么我这么倒霉？遇到一大群不讲理的人"，你就会陷入自私自利的怪圈，无法体会爱。如果你将目光倾注到爱的价值上，就会得到爱的体验。

专注，是指你的精力之所在。你的关注点在什么上，你就收获什么。例如：你去别的单位办事，遇到办事员的计算机出现问题，你需要排队等很长时间。如果你压抑着自己的情绪，它就会在另外一个地点，以另外一种形式爆发出来。如果你感到非常倒霉，想发火，就会放大这种情绪，你可能会冲着办事员语出不逊，会导致办事不顺。

怎么样调整自己的关注点，获得不一样的结果呢，你应该这样做：

首先，要了解发生了什么事，认识你的情绪。你来办事，对方计算机出现故障，一时没有办法继续。你感到很倒霉，非常生气，可是你又没有办法改变事实。

其次，接受事实，发泄情绪。你生气，计算机故障也不会瞬间就解除了，办事员在找人维修，你只能等着。如果生气，你可以在脑子里骂人，或者去买块口香糖咀嚼一下排解情绪。

最后，你可以将注意力转移到关注在"爱的价值上"，也就是说，你可以借此机会增加生命的爱的体验。你可以这样想，办事员也不希望计算机出问题，他也希望每一个来办事的人都能顺利的办完事情，遇到这种情况也是没办法的事。替对方想一想，多一分包容，多一分爱。

假设你的部下没有如期完成任务，给你带来了麻烦。你没有办法向上一级领导交差，感到非常生气。现在你可以自己试着将自己的关注点转移到"爱的价值"上。

先不要拒绝负面情绪，压抑自己的情绪对解决问题没有好处，还可能给你的身体带来病痛。也不要任由情绪宣泄，"他们太气人了，应该惩罚一下""任务不是分配到个人了吗？怎么还出现这种错误！"当然不能把他们叫过来臭骂一顿，或者扣除他们一个月的奖金。因为，他们已经为了完成付出了很多努力，如果你现在全盘否定的话，会引起部下的不满，不利于团队的和谐。

相反，你需要这样做：

首先，弄清楚情况，为什么任务落实到个人了，还没完成，具体哪一环节出问题了，找出问题，想补救的办法。记住，一定要先认清问题再解决问题。

其次，你现在很生气，愤怒充满了你。你可以在一个人的办公室发泄一下，把书狠狠地摔到地上，或者大声吼一声，或者戴上耳机听一些狂躁的歌，将情绪完全发泄出来。

最后，将关注点转移到爱的价值上。冷静下来，考虑一下自己在分配工作时分配得是否合理，是不是给某人太多了，他实在没有办法完成，而自己当初又没听取他的意见。你的部下自从接到任务后相互配合，加班加点，采用多种形式和渠道想方设法尽力去做了，你带的这个团队非常优秀。他们真的尽力了，只是任务重，时间紧，没有人愿意看到现在的状况。如果你对他们表现出理解的姿态，他们一定会以更加努力的工作状态回报给你。

横看成岭侧成峰，远近高低各不同。

同一件事情，从不同的角度，以不同的心态看，就会得到不同的感受。如果将关注点落在"爱的价值上"，心情就会舒畅很多。现在请用以上方法来处理以下情况吧：你现在开着车在高速上行驶，期待最短的时间到目的地，你的恋人在等着你，可是，

每天当好一个情绪稳定的成年人

前面出现了交通事故，车堵了两公里，你该怎么办？要带着愤怒的心情去见女友吗？

生活在继续，情绪要管理。理性的管理自己的情绪，将自己的精力和关注点投放到"爱的价值上"会活得越来越敞亮。

谈恋爱前请保持清醒

爱情是年轻人最渴望的东西之一，它能让人愉快得像进入天堂，但也能让人痛苦得像被打入了地狱。它通常表现为两种情况：一种是两情相悦，另一种是只有一方陷入其中。

爱情总让人成长，而真正好的爱情往往能带给人一股积极的能量，让你充满激情和干劲，也就是所谓的爱情中的两情相悦。然而，相对成熟的人一定能体会恋爱中两情相悦的成功率之低，因为通常情况下，总是会有一方比另一方付出得更多。

你正在追求一个姑娘。她是你的同事，坐在你对面的工位上，她的一举一动、一言一行总能让你牵肠挂肚。在你看来，她不仅长得漂亮，说话更是温柔体贴，简直让你魂牵梦萦。

你对她展开了追求攻势，借着任何机会约她吃饭，约她去各种她喜欢的地方。吃饭的时候，你发现她礼仪得体；在博物馆欣赏文物的时候，你发现她知识渊博；到游乐场玩耍的时候，你发现她还能尽情地享受娱乐。

追求她的时间里，你越来越觉得她就是那个符合你对女性所有想象的人。更美妙的是，你的女神终于答应和你在一起了。你兴奋极了，像浑身打了鸡血一般加倍地对她好，期望某日当你提出求婚的时候，她能毫不犹豫地答应你。甚至在结婚之前，你还想提前跟她在一起生活。她竟然真的答应了。

事实是，你对她的百般呵护让她感受到了强烈的安全感，她很信赖你，也慢慢地喜欢上了你，所以决定与你一起生活。可是让你没想到的是，同居后的生活才是噩梦的开始。

某天早上刚到公司，你的一个女同事就走过来向你质问为什么把他从微信朋友圈里删掉了。过了一会儿，又有好几个女性朋友打电话过来问了相同的问题，简直都把你问晕了。你这才反应过来，可能是你女朋友偷偷干的。

你跟她共同生活的这段时间里，才发现了她身上的百般问题。她对你实行了管控，不仅是财务控制，还把你与身边的朋友都隔离了起来，导致你的生活中只有她一个人。刚开始你还能够忍受，毕竟还处于热恋中，可时间久了，你觉得自己的自由被严重侵犯了。

其实，之所以会出现这样的问题，是在于开始恋爱之前，你的女朋友总是用表象迷惑你。她跟你在一起时，只将自己身上美好的一面展现给你看，而隐藏起了不好的一面。这让你无法真实地了解她，导致在迷惑中和她谈起了恋爱。

这个问题也是恋爱男女经常会遇到的，尤其是女性。当一个女孩喜欢上一个男孩而与他谈恋爱时，假如男孩经常喝酒，甚至喝得酩酊大醉，她或许会想："也许结婚以后就好了。"又或是跟男友同居的时候竟然被对方打了，还为他开脱说："他不是故意的，而且向我保证了以后吵架绝不动手。"

在恋爱期间经受的痛苦，都是因为进入恋爱前没有搞清楚对方的状况。例如，对方是真的爱你，还是被你的追求搞晕了，勉强答应？对方的性格与你真的合适吗，是否有什么不良嗜好？对方的价值观与你相投吗，你们是否有共同话题？这些都是值得思量的重要问题。

如果恋爱的对象在之前没有保持真实，就会让你在谈恋爱期间因为感知受到冲击而陷入痛苦。同样的，如果是你没能在恋爱前做真实的自我，那么也会给对方带来不安和伤害。

如果对方不是真的爱你，那么当你付出真心的时候，就会被对方敷衍的言行伤害到。如果你们性格不合，一个欢脱如兔，一个却寂静如猫，那在一起也会因喜好不同而陷入争吵。如果你们的价值观不同，对待事物的看法极为不一致，也会给双方带来痛苦。

一段好的恋爱是给人以甜蜜和能量的，而一段坏的恋爱却能把人伤得彻底，甚至一蹶不振。我们每个人在渴望陷入一段爱情之前都最好能将自己真实的一面展现给对方，让对方根据实际情况做出选择。

虽说"陷入爱情中的人智商都是负数"，但也最好能在进入恋爱前互相搞清楚对方的状况，保持真实的自我，以最大的可能性收获一段美好的爱情。这才是对自己也对他人负责任的态度和表现。

没有满足感只因没有付出过

巴金说：我的一生始终保持着这样一个信念，生命的意义在于付出，在于给予，而不是接受，也不是争取。

付出为因，回报为果。当你真正付出后，才能感受到某事的意义，并获得幸福的满足感。满足感是一种强烈的愉悦、幸福。

《我的前半生》里罗子君做全职太太时需要保姆伺候，天天只管貌美如花，却没能拴住老公的心，离婚时，发现自己浪费了青春却一无所获。走出离婚的阴影后，投入工作中，得到领导的肯定，施展了自己的才华，也遇到了真正爱自己的人，获得极大的满足感。

你进入了工作的倦怠期，丧失了对工作的热情，工作中越来越消极，常常感到筋疲力尽。每天早上卡着点到达单位，坐到办公室就盼着下班，领导给你安排工作时，你抱怨工作繁重，能拖就拖，到最后时间节点时才硬着头皮去做，养成拖拉的习惯。你再也不是那个刚上班时每天精神饱满，争先恐后工作的你，你再也无法将工作上的事情当成自己的事情做，往往敷衍了事。

当别人询问你的工作状态时，你总是大骂一句"签了一个卖身契，它已经快榨干我的时间和精力了。""不如辞职吧，或者换一个工作？"朋友建议你，你说"不行啊，工作也不好找，为了养家糊口就这样吧。"

于是，你就怀着被榨取的心态，在工作岗位上熬时间。

作为父亲或母亲，你的孩子慢慢长大了，你给他报了很多补习班，"绘画班""舞蹈班""跆拳道班""钢琴班"，花费了你一大笔钱，孩子累的时候闹着不去上课，让你很恼火。"你就是来讨债的，给你花了那么多钱，你不好好学，对得起谁呀？"

有人说"干脆别给他报班了，太多班不但花钱，孩子也累。"你却说"没办法啊，他们班同学都报了，不给他报，到时候各项考核不过关了更麻烦。唉，当爹妈就是被榨的命！"

你感到工作榨干了你的时间和精力，满腹牢骚；你感到孩子榨干了你的金钱，满腹抱怨。却忘了想一想，你是以什么样的心态来工作和养育孩子的，貌似身边遇到的各种事情和人，都心怀鬼胎要榨取你的一切。

我们更愿意为我们积极主动的选择买单，如果，你以主动付出的心态去工作，繁忙的工作能让你感到充实；如果你以付出的心态去爱孩子，愿意为孩子投入金钱帮助孩子成长，那么，你也不会真正的心疼花在孩子身上的钱。

可是，如果你一心想到的只有"被榨"，也就是"索取"，那就会包含很多的不情愿。因为，索取就意味着你不情愿为对方付出。

因为不情愿，所以会抗拒。当感到被迫给予时，你就会有不舒服的感觉。工作、生活、家庭、孩子等等，当你在处理这些关系时，如果产生抗拒情绪，就无法做到最好，也无法获得满足感。

相反，当你以乐意付出的心态去做同样的事时，一切才会变得可爱起来，最重要的是，你的内心才会感到满足。

工作中，常常问问自己"我能否为团队多出一份力，这样，不但抓住了锻炼的机会，还可以影响周围的人。大家都以热情饱满的状态工作，领导自然也不用发愁了，这对我们公司发展很有利"。当你这样想时，会发现工作给了你很多施展才华的机会，会感到很满足。

在家庭中，作为父母要告诉自己"我愿意不求回报的爱孩子，我把孩子带到这个世界上来的，我心甘情愿把爱给孩子。为了让孩子发展得更好，我愿意拿出金钱和爱心"。和另一半相处的时候，也不要紧盯着对方为你付出了什么，而是你回到家是否为对方准备了美味饭菜，是否将屋子打扫得窗明几净，是否在对方需要的时候给予帮助和陪伴。

当你以这种付出的心态考虑问题时，就会发现自己紧跟着也收获了很多，领导和同事的认可，妻子或丈夫的感谢，孩子的亲昵。虽然很辛苦，但是，一切都很值得。

第七章

最高级的修养，是尊重别人跟你不一样

悦纳别人的与众不同

圣诞节临近，美国芝加哥西北郊的帕克里奇镇到处洋溢着喜庆、热闹的节日气氛。

正在读中学的谢丽拿着一叠不久前收到的圣诞贺卡，打算在好朋友希拉里面前炫耀一番。谁知希拉里却拿出了比她多十倍的圣诞贺卡，这令她羡慕不已。

"你怎么有这么多的朋友？这中间有什么诀窍吗？"谢丽惊奇地问。

希拉里给谢丽讲了自己两年前的一段经历：

"一个暖洋洋的中午，我和爸爸在郊区公园散步。在那儿，我看见一个很滑稽的老太太。天气那么暖和，她却紧裹着一件厚厚的羊绒大衣，脖子上围着一条毛皮围巾，仿佛正下着鹅毛大雪。我轻轻地拽了一下爸爸的胳膊说：'爸爸，你看那位老太太的样子多可笑呀！'

"当时爸爸的表情特别严肃。他沉默了一会儿说：'希拉里，我突然发现你缺少一种本领，你不会欣赏别人。这证明你在与别人的交往时少了一份真诚和友善。'

"爸爸接着说：'那位老太太穿着大衣，围着围巾，也许是生病初愈，身体还不太舒服。但你看她的表情，她注视着树枝上一

　每天当好一个情绪稳定的成年人

朵清香、漂亮的丁香花，表情是那么生动，你不认为很可爱吗？她渴望春天，喜欢美好的大自然。我觉得这老太太令人感动！'

"爸爸领着我走到那位老太太面前，微笑着说：'夫人，您欣赏春天时的神情真的令人感动，您使春天变得更美好了！'

"那位老太太似乎很激动：'谢谢，谢谢您！先生。'她说着，便从提包里取出一小袋甜饼递给了我，'你真漂亮……'

"事后，爸爸对我说：'一定要学会真诚地欣赏别人，因为每个人都有值得我们欣赏的优点。当你这样做了，你就会获得很多朋友。'"

你可能会觉得别人与众不同，并觉得很诧异，但只要换种眼光去捕捉他们身上的这些闪光点，学会真诚地欣赏，你就会惊喜地发现你的周围有很多伙伴，好朋友也越来越多，生活也越来越丰富。

如何接纳别人的与众不同呢，不妨参考以下几点：

（1）虚心学习朋友的长处。

（2）不勉强别人做他们不愿意做的事。

（3）真诚对待周围的每一个人。

（4）在与别人的交谈中不要轻易说不喜欢谁。

（5）与人交往要态度温和，不要动不动就发脾气。

"放大镜"看人优点，"缩微镜"看人缺点

在现实生活中，不难发现很多人在与他人交往的过程中，他们把别人身上的缺点无限扩大，动不动就责怪他人。对于别人身上的优点呢？则以"这有什么了不起"为由来对其嗤之以鼻。这种现象其实是非常可悲的。因为当一个人以刻薄小气的胸襟为人处世时，他绝不可能有什么出息。一个用"'缩微镜'看人优点，'放大镜'看人缺点"的人，绝对不会获得美好的友谊和得到别人的帮助。

生活中，我们要善于发现别人身上的优点而不是缺点，努力学习别人的优点，这才是正确的行为。也只有以这种"'放大镜'看人优点，'缩微镜'看人缺点"的心态，才能有宽广的胸襟，才能赢得别人的敬重和取得成功。

蔡元培先生就是一个有着大胸襟的人。在他担任北京大学校长时，曾有这么两个"另类"的教授。一个是"持复辟论者"和"主张一夫多妻制"的辜鸿铭。辜鸿铭当时应蔡元培先生之请来讲授英国文学。辜鸿铭的学问十分宽广而庞杂，他上课时，竟带一童仆为之装烟、倒茶，他自己则是"一会儿吸烟，一会儿喝茶"，学生焦急地等着他上课，他也不管，"摆架子，玩臭格"成了当时一些北京大学的学生对辜鸿铭的印象。很快，就有人把这事反映到蔡元培那儿。然而蔡元培并不生气。他对前来反映情况

每天当好一个情绪稳定的成年人

的人解释说："辜鸿铭是通晓中西学问和多种外国语言的难得人才，他上课时展现的陋习固然不好，但这并不会给他的教授工作带来实质性的损害，所以他生活中的这些习惯我们应该宽容不计较。"经过一段时间后，再也没有人来告状了，因为辜鸿铭的课堂里挤满了北大的学子。很多学生为他渊博的知识、学贯中西的见解而折服。辜鸿铭讲课从来不拘一格，天马行空的方式更是大受学生欢迎。

另一个人，则是受蔡元培先生的聘请，教《中国古代文学》的刘师培。根据冯友兰、周作人等人回忆，刘师培给学生上课时，"既不带书，也不带卡片，随便谈起来"，且他的"字写得实在可怕，几乎像小孩描红，而且不讲笔顺"，"所以简直不成字样"，这种情况很快也被一些学生、老师反映到蔡元培那儿。然而蔡元培却微微一笑，说："刘师培讲课带不带书都一样啊，书都在他脑袋里装着，至于写字不好也没什么大碍啊。"后来学生们发现刘师培讲课是"头头是道，援引资料，都是随口背诵"，而且文章没有做不好的。

从蔡元培对辜鸿铭和刘师培两位教授的处理方法，我们可见蔡元培对待人才的胸怀是何等求实、豁达而又准确。他把对师生个性的尊重与宽容发挥到了一种极高明的地步。为了实现改革北大的办学理想，迅速壮大北京大学的实力，他极善于抓住主要矛盾和解决问题的关键，把尊重人才个性选择与用人所长理智地结合起来。他曾精辟地解释道："对于教员，以学诣为主。在校讲授，以无悖于第一种之主张（循思想自由原则，取兼容并包主义）为界限。其在校外之言动，悉听自由，本校从不过问，亦不能代负责任。夫人才至为难得，若求全责备，则学校殆难成立。"

正是这种博大的胸襟，才使蔡元培能够发现真正的人才，也才使当时的北京大学有了长足的发展。

美国著名的人际关系学家卡耐基和许多人都是朋友，其中包括若干被认为是孤僻、不好接近的人。有人很奇怪地问卡耐基："我真搞不懂，你怎么能忍受那些老怪物呢？他们的生活与我们一点儿都不一样。"卡耐基回答道："他们的本性和我们是一样的，只是生活细节上难以一致罢了。但是，我们为什么要戴着放大镜去看这些细枝末节呢？难道一个不喜欢笑的人，他的过错就比一个受人欢迎的夸夸其谈者更大吗？只要他们是好人，我们不必如此苛求小处。"

在现实生活里，我们应该学会以一种大胸襟来对待别人的缺点和过错。学会"容人之长"，因为人各有所长，取人之长补己之短，才能相互促进，学习才能进步；学会"容人之短"，因为金无足赤，人无完人。人的短处是客观存在的，容不得别人的短处就只会成为"孤家寡人"；学会"容人之过"，因为"人非圣贤，孰能无过"。历史上凡是有所作为的伟人，都能容人之过。

朋友们，当我们拥有"以放大镜看人优点，以缩微镜看人缺点"的大胸襟时，我们便拥有了众多的朋友，拥有了无尽的帮助，也拥有了通向成功的门票。

指责只会招来对方更多的不满

动物王国的某公司里，狮子经理上任的第一天，便把前任经理的秘书斑马小姐叫到办公室，说："你本身就够胖的，还成天穿着花条纹衣服，一点儿气质都没有，这样下去有损我们公司的形象。如果你还想当办公室秘书，就得换身衣服来上班。"

"可是，我……"斑马小姐刚开口解释，狮子经理便恼怒地一挥手，斑马小姐只好含泪离开了办公室。

狮子又叫来业务员黄鼠狼，并对它说："你是业务骨干，为了体面地面对客户，从今天起，你不准放臭屁。"

"可是，我……"黄鼠狼刚要解释，狮子经理不耐烦地一挥手，黄鼠狼只好委屈地离开了办公室。

狮子又叫来会计野猪，嫌它獠牙太长。

第二天，狮子刚走进公司大门，发现公司里冷冷清清，原来公司的员工集体辞职不干了。

狮子经理的无端指责，不但没有获得它所想象的效果，反而因妄加苛责别人，大家都离开了它，使它成了"孤家寡人"。我们要记住狮子的教训，无论是在学校里还是在工作中，都不要轻易地指责他人。俗话说："多个朋友多条道，多个敌人多堵墙。"

人往往有这样一个特点，无论他多么不对，他都宁愿自责而不希望别人去指责他。绝大多数人都是如此。在你想要指责别人的时候，首先你得记住，指责就像放出的信鸽一样，它总要飞回来的。指责不仅会使你得罪对方，而且对方也必然会在一定的时候指责你。

学会接纳他人，容忍他人的缺点，是人生的一门重要课程，它有助于提高你的人格魅力。因此，树敌不如交友，批评不如赞扬，只要你不到处树敌，他人就乐于与你交往。懂得了这一点，对你成功做事、做人是很重要的。

你对待别人的态度，决定了他人对你的态度

人与人的关系常常是微妙的。有时候，你对一个人不满，或者存在一种厌烦的心理，但是你并不希望他能够感受到你对他的不满或者厌烦，还希望他能够在不发现的前提下能够把你当成朋友。事实上，这种情况几乎都是不存在的。我们常说，人与人之间的关系是相互的，你不喜欢别人，往往他也正烦着你呢。你很希望与一个人成为朋友，也许他同样受着你的吸引。

这样说来，在处理人际关系中，我们就没有权利去抱怨那些对待自己不友善的人了。在舞会上，如果我们受到了别人的冷落，就应该想一想，自己是不是也同样没有将目光投放在别人的身上，却还过多的希望得到别人的关注？在生病的时候，身边没有人对自己表示关怀，是不是我们也在别人生病的时候表现出了

冷漠，伤害了别人渴望友情的心……

一位老人，每天都要坐在路边的椅子上，向开车经过镇上的人打招呼。有一天，他的孙女在他身旁，陪他聊天。这时有一位游客模样的陌生人在路边四处打听，看样子想找个地方住下来。

陌生人从老人身边走过，问道："请问，住在这座城镇还不错吧？"

老人慢慢转过来回答："你原来住的城镇怎么样？"

游客说："在我原来住的地方，人人都很喜欢批评别人。邻居之间常说闲话，总之那地方很不好住。我真高兴能够离开，那不是个令人愉快的地方。"

摇椅上的老人对陌生人说："其实这里也差不多。"

过了一会儿，一辆载着一家人的大车在老人旁边的加油站停下来。车子慢慢开进加油站，停在老先生和他孙女坐的地方。

这时，父亲从车上走下来，向老人说道："住在这市镇不错吧？"老人没有回答，问道："你原来住的地方怎样？"父亲看着老人说："我原来住的城镇每个人都很亲切，人人都愿帮助邻居。无论去哪里，总会有人跟你打招呼，说谢谢。我真舍不得离开。"老人看着这位父亲，脸上露出和蔼的微笑："其实这里也差不多。"

车子开动了。那位父亲向老人说了声谢谢，驱车离开。等到那一家人走远，孙女抬头问老人："爷爷，为什么你告诉第一个人这里很可怕，却告诉第二个人这里很好呢？"老人慈祥地看着孙女说："不管你搬到哪里，你都会带着自己的态度。任何地方可怕或可爱，全在于你自己！"

我们之中总有那么一些人，常常以自我为中心，只看到别人是怎么对待他的，却从来不去想自己是怎么对待别人的。有什么事情求朋友，从来都不会想别人是否有空，是否有更重要的事情去做，或者朋友已经很累了，拖延了他的请求，他也觉得自己受到了伤害，是朋友们没有为自己着想。我们每个人都有自己的生活圈子，朋友也有自己的生活。没有人是单单为了某一个人而存在的。当我们感受到了朋友的冷落的时候，不要总是想着责怪，而是要从自身开始检讨，看看自己是否做了过分的事情。因为你如何对待别人，别人也往往怎样对待你。

维护友情，需要的是相互理解、相互体谅、相互包容的心。如果一直都从私利出发去要求别人，那么无疑你会招致别人的反感。在生活中，我们也常常会听说"什么样的人会交什么样的朋友""不是一家人不进一家门"之类的话，其实就是将人以群分，这些告诉我们，你怎样经营你对别人的感情，别人也会以同样的方式来对待你。

留有余地是一种理智的人生策略

我国古代有个叫李密庵的学者，写过一首《半半歌》，诗云："酒饮半酣正好，花开半时偏妍，帆张半扇免翻颠，马放半缰稳便。半少却饶滋味，半多反厌纠缠。百年苦乐半相参，会占便宜只半。"用现代的话来说，就是凡事要留有余地，不要不给自己和别人退路。

常留余地二三分，体现了人生的一种智慧。凡事留有余地，则自由度就增加。进也可、退也可，亲也可、疏也可，上也可、下也可，处于一种自由的境地，体现了一种立身处世的艺术。

常留余地二三分，这是因为，世界上的事变幻不定，常常有许多意想不到的不利因素产生作用。人外有人，天外有天。人不要总是赢人，要留一些给别人赢；不要老想占上风，要给别人一些尊严。这样，自己才能不断进步，人际关系才能更和谐。一句话，为人处世还是谦虚谨慎些的好。如果目中无人，骄傲自满，就容易碰壁、栽跟头。

世事无常，万事多留些余地，多些宽容。这是一条重要的做人准则。在你留有余地的同时，别人也会因此而受益匪浅。

待人对己都要留有余地。好朋友不要如影随形，如胶似漆，不妨保持一点儿距离。是冤家也不要把人说得全无是处。对崇拜的人不要说得完美无缺，对有错误的人不要以为一无是处。不要把自己看得像朵花，看别人都是豆腐渣。不要以为自己的判断绝对正确，宜常留一点余地。

一幅画上必须留有空白，有了空白才虚实相间，错落有致。有余地才更加符合实际，才更加充满希望。当然，留有余地不是一种立身处世的圆滑，不是有力不肯使，也不是逢人只说三分话，而是对世界、对自己抱一种知己知彼的理性态度，是对鉴于世界的复杂性和自身能力的有限性所采取的一种理智的人生策略。

用刀剑去攻打，不如用微笑去征服

卡耐基培训班的一位学员说："我已经结婚 18 年了，在这段时间里，从我早上起来，到要上班的时候，我很少对太太微笑，或对她说上几句话。我是最闷闷不乐的人。

"既然你要我对微笑也发表一段谈话，我就决定试一个礼拜看看。因此，第二天早上梳头的时候，我就看着镜子对自己说：'威尔森，你今天要把脸上的愁容一扫而空。你要微笑起来。现在就开始微笑。'当我坐下来吃早餐的时候，我以'早安，亲爱的'跟太太打招呼，同时对她微笑。

"现在，我要去上班的时候，就会对大楼的电梯管理员微笑着说一声'早安'。我以微笑跟大楼门口的警卫打招呼。我对地铁的出纳小姐微笑，当我跟她换零钱的时候。当我到达公司，我对那些以前从没见过我微笑的人微笑。

"我很快就发现，每一个人也对我报以微笑。我以一种愉悦的态度，来对待那些满肚子牢骚的人。我一面听着他们的牢骚，一面微笑着，于是问题就更容易解决了。我发现微笑带给我更多的收入，每天都带来更多的钞票。"

微笑是人的宝贵财富，微笑是自信的标志，也是礼貌的象征。人们往往依据你的微笑来获取对你的印象，从而决定对你所要办的事的态度。只要人人都献出一份微笑，办事将不再感到困难，人与人之间的沟通将变得十分容易。

现实的工作、生活中，一个人对你满面冰霜、横眉冷对，另一个人对你面带笑容、温暖如春，他们同时向你请教一个工作上的问题，你更欢迎哪一个？显然是后者，你会毫不犹豫地对他知无不言，言无不尽；而对前者，恐怕就恰恰相反了。

有微笑面孔的人，就会有希望。因为一个人的笑容就是他传递好意的信使，他的笑容可以照亮所有看到它的人。没有人喜欢帮助那些整天愁容满面的人，更不会信任他们；很多人在社会上站住脚是从微笑开始的，还有很多人在社会上获得了极好的人缘，也是从微笑开始的。

任何一个人都希望自己能给别人留下好印象，这种好印象可以创造出一种轻松愉快的气氛，可以使彼此结成友善的联系。一个人在社会上就是要靠这种关系才可立足，而微笑正是打开愉快之门的金钥匙。

有人做了一个有趣的实验，以证明微笑的魅力。

他给两个人分别戴上一模一样的面具，上面没有任何表情，然后，他问观众最喜欢哪一个人，答案几乎一样：一个也不喜欢，因为那两个面具都没有表情，他们无从选择。

然后，他要求两个模特儿把面具拿开，现在舞台上有两张不同的脸，他要其中一个人愁眉不展并且一句话也不说，另一个人则面带微笑。

他再问每一位观众："现在，你们对哪一个人最有兴趣？"答案也是一样的，他们选择了那个面带微笑的人。

如果微笑能够真正地伴随着你生命的整个过程，这会使我们超越很多自身的局限，使我们的生命自始至终生机勃发。

用你的笑脸去欢迎每一个人，那么你会成为最受欢迎的人。

尊重他人就是要理解和包容他人

根据马斯洛的需求层次理论，尊重和自我实现的需要是人最高层次的需要。人们都有一种"身份"意识，希望得到他人的认可和尊重。更何况，照顾他人的感受是中国的传统。只有尊重他人，才能赢得他人的尊重，别人才会跟你交朋友、做生意。

尊重他人将使我们变得更加宽容、乐观，与人更好地接触交流、精诚合作。相反，如果你自视甚高，目中无人，不顾及他人尊严，总有一天会吃苦头。

小田和小方在同一单位工作，在工作能力上小田比小方稍胜一筹，这让小方生出一些嫉妒。

工作中，小田经常获得奖励，小方最喜欢对他说："脑袋那么好使，叫咱这样的笨蛋脸往哪儿搁呀？"在背后，小方好像开玩笑似的对其他同事说："小田拍马屁的功夫了不得，弄得领导们服服帖帖……"

在一次讨论方案的会议上，小田刚刚说完自己的设想，请大家发表意见，小方就用不阴不阳的口气说："你下了这么大的功夫，搞了这么一堆材料，一定很辛苦，我怎么一句也没听懂呢？是不是我的水平太低，需要小田给我再来一点儿启蒙教育？"

顿时，小田的脸就气红了，说："有意见可以提，你用这种口气是什么意思？"显然，小方的话太刺激人了。

后来，小田升级的速度比小方快，当上了小方的上司。终于有一天，小田因小方犯了错误，将他调到单位下属的一个小厂接受锻炼去了。

小方就是吃了不尊重人的苦头。如果他不改掉这个毛病，恐怕以后还会得罪更多的人，更不用说跟人友好相处、紧密合作了。

美国诗人惠特曼说过："对人不尊敬，首先就是对自己的不尊敬。"你希望别人怎样对待你，你就应该怎样对待别人。你尊重人家，人家就会尊重你。不尊重别人就会深深地刺伤别人的自尊心，并且让别人恼羞成怒，这样对自己也没有什么好处。与其如此，为什么不让我们换一种眼光，站在对方的位置上想问题，给别人一点儿尊重呢？要知道，尊重是人际关系的润滑剂，它将使许多问题变得更加容易解决。

克洛里是纽约泰勒木材公司的推销员。他承认，多年来，他总是尖刻地指责那些大发脾气的木材检验人员的错误，他也赢得了辩论，可这一点好处也没有。因为那些检验人员和"棒球裁判"一样，一旦判决下去，他们绝不肯更改。

克洛里虽然在口舌上获胜，却使公司损失了成千上万的金钱。他决定改掉这种习惯，不再抬杠了。他说：

"有一天早上，我办公室的电话响了。一位愤怒的主顾在电话那头抱怨我们运去的一车木材完全不符合他们的要求。他的公司已经下令停止卸货，请我们立刻把木材运回去。因为在木材卸下25%后，他们的木材检验员报告说，55%的木材不合格。在这种情况下，他们拒绝接受。

"挂了电话，我立刻赶去对方的工厂。在途中，我一直在思考着一个解决问题的最佳办法。通常，在那种情形下，我会以我的工作经验和知识来说服检验员。然而，我又想，还是把在课堂上学到的为人处世原则运用一番看看。

"到了工厂，我见购料主任和检验员正闷闷不乐，一副等着抬杠的姿态。我走到卸货的卡车前面，要他们继续卸货，让我看看木材的情况。我请检验员继续把不合格的木料挑出来，把合格的放到另一边。

"看了一会儿，我才知道他们的检查太严格了，而且把检验规格也搞错了。那批木材是白松。虽然我知道那位检验员对硬木的知识很丰富，但检验白松却不够格，经验也不够，而白松碰巧是我最在行的。我能以此来指责对方检验员评定白松等级的方式吗？不行，绝对不能！我继续观看着，慢慢地开始问他某些木料不合格的理由是什么，我一点儿也没有暗示他检查错了。我强调，我请教他是希望以后送货时，能确实满足他们公司的要求。

"以一种非常友好而合作的语气请教，并且坚持把他们不满意的部分挑出来，使他们感到高兴。于是，我们之间剑拔弩张的气氛松弛消散了。偶尔，我小心地提问几句，让他自己觉得有些不能接受的木料可能是合格的，但是，我非常小心，不让他认为我是有意为难他。他的整个态度渐渐地改变了。他最后向我承认，他对白松的经验不多，而且问我有关白松的问题，我就对他解释为什么那些白松都是合格的，但是我仍然坚持：如果他们认为不合格，我们不要他收下。他终于到了每挑出一根不合格的木材就有一种罪过感的地步。最后他终于明白，错误在于他们自己没有指明他们所需要的是什么等级的木材。

"结果，在我走之后，他把卸下的木料又重新检验一遍，全部接受了，于是我们收到了一张全额支票。

"就这件事来说，讲究一点技巧，尽量控制自己对别人的指责，尊重别人的意见，就可以使我们的公司减少损失，而我们所获得的则非金钱所能衡量的。"

你看，解决问题的办法就是这么简单，只要少一点抱怨，多一分尊重，事情就变得简单了。在这里，尊重并不是一种谄媚，而是理解与包容，是一种高明的解决之道，一种自尊自爱的表现。因为只有你尊重别人了，别人才会尊重你，才会觉得你有解决问题的诚意，愿意跟你商谈合作。

面对别人的批评，我们要用诚恳的态度来接受；面对别人的过失，我们不妨多一些理解与宽容；面对别人的疑惑，我们不妨热情地伸出我们的双手。别人就是一面镜子，在尊重他人的言行里，我们可以照出自己的人格，也能照出自己的锦绣前程。

要想活得滋润，得理也要让三分

人非圣贤，孰能无过。得了理，也别不饶人，让别人三分，给别人留条退路，也是给自己留余地。

王朝是一家事业单位的老员工，仗着自己在单位工作时间长，就自居为领导，经常指使新来的员工帮自己做事。同时王朝是一个"直性子"，不高兴了就会说新来的实习生几句，还经常得理不饶人。

李多多是今年新招进来的应届毕业生。刚参加工作，王朝让她干活儿，她就干，也不敢说什么。但时间久了，李多多发现，这些其实不是自己分内的工作。

李多多找到王朝，对他说："这些工作不是我分内的，我不想再帮你做了。我自己的工作也很多。"

王朝听了这话，很不开心。他觉得自己的"权威"被挑战了，但是除了苛责李多多几句，他也不能做什么。这件事情就这么过去了。

几天后，李多多上班吃零食被抓到了。领导让王朝跟李多多说一下，以后不要这样了。王朝开心坏了，狠狠地骂了李多多一通，见到谁，就跟谁说这件事。

李多多知道了，并没有说什么。她改掉了自己的毛病，努力工作。后来，李多多通过考试，成了王朝的领导。

故事中的王朝记恨李多多不帮自己干活儿，挑战自己的"权威"。于是，在抓到李多多的痛处之后，他"得理不饶人"。我们常说，得饶人处且饶人，给别人留点余地，日后也好相见啊。

得理让三分，一是给自己留退路。言辞不要太过于极端，这样才能从容自如地处理彼此的关系；二是给别人留条退路。不管在什么样的情况下，都不要把别人逼向绝路。如果对方没了退路，也许会做出一些过激的行为。当然这样的结果是任何人都不愿意看到的。

得理让三分，不让别人为难，同时也是不让自己为难。别人轻松了，自己也可以获得解脱。

而得了理不让人的人，大多都是有主见的"直性子"，他们自认为自己占了理，所以就毫无顾忌地教训别人。如果对方辩驳，也许还会引发争吵。因为他们不允许对方发表不同的意见。而这种做法，除了让双方关系破裂，其实没有任何意义。得理让三分并不是怯懦，而是真正的大度和得体。

得理不饶人，看起来好像是在坚持"正义"，可实际上，这是不合理的。正义是什么，没有一个绝对的标准。每个人看问题的角度不一样，自然对正义也就有着不同的看法。所以下次遇到了占理的事情，别太过分"讲理"。

唐代有一位名臣叫郭子仪，历经四朝，权倾朝野。他常常向帝王直言进谏，却一次又一次安然地躲过政治事件，一生安享富贵。

而他这样的"直性子"，却能在国君昏庸的时代享尽富贵，并安然离世，这都是因为他做事的原则：得理让三分。再加上他性格豁达，能长寿，也就不足为奇了。

郭子仪在担任兵马大元帅时，皇帝身边有一位宦官叫于朝恩。于朝恩擅长"拍马屁"，深得皇帝的喜爱。他十分嫉妒郭子仪的权势，经常在皇帝面前说郭子仪的坏话，但皇帝并不是很相信他。

愤懑之下，于朝恩指使自己的手下，挖了郭家的祖坟。此时，郭子仪并不在京城。

当郭子仪从前线返回京城的时候，所有的官员都以为他会杀掉这名宦官。但是他却对皇帝说："我多年带兵，士兵们也曾盗挖过别人家的坟墓。我郭家祖坟被挖，是我的不忠不孝，并不能过度苛责于别人。"

祖坟被挖，在历朝历代都被视为奇耻大辱。而郭子仪在占理的情况下，却还能这么大度，可见，他是一个胸怀开阔的人。或许正因为如此，他才得到了官员们的敬重，每次都能从政治事件中全身而退。

现代社会，人们喜欢谈"真诚"，强调直言不讳。这就导致了很多人有什么说什么，不太在意别人的感受。而这些"直性子"的人，好胜心也强，他们常常锱铢必较，喜欢与对方辩驳，以此证明自己是对的才善罢甘休。如果在某一件事情上占了理，他们可能就会变本加厉。

但每个人都会做错事，既然自己也会犯错，就要允许别人犯错。换位思考一下，假如自己犯了错，别人揪住不放，你心里又会是什么感受呢？

得理不饶人，其实就是不擅长处理人际关系和复杂的事情。而这样的人，太过于主观，会在学习、生活中吃亏。人们常说，我敬人一尺，人敬我一丈。做人做事，留三分余地，对己对人都有好处。

笑口常开，好运才会来

日常生活中，常常微笑的人大多拥有不错的人际关系。与之交往，如沐春风。而直性子的人却喜欢把自己的情绪写在脸上，不开心的时候就满面忧愁。

星期六的早上，周丽约了好朋友琪琪一起吃饭。她要介绍自已新交的男朋友徐刚给琪琪认识。

周丽早早就到了餐厅，还叮嘱男朋友，早一点儿到。

二十分钟后，琪琪也到了。周丽看了看表，再有十分钟就到约定的时间了，可是，徐刚还没出现。

周丽拿出手机，拨通了徐刚的电话，"你到哪儿了？快到约定的时间了。你快点过来。"说完，周丽就挂断了电话。

琪琪觉察到周丽不高兴，忙说："没关系，晚到一点儿没事儿。你跟我关系这么好，不在乎这个的。"

可是，周丽还是很不高兴。脸上似乎罩上了一层阴云。琪琪也不知道该说什么了。

半个小时后，徐刚到了。周丽没说什么，但脸上的神情已经告诉徐刚，她很不高兴。琪琪知道周丽是个直性子，什么事都会写在脸上。可是周丽不开心，琪琪跟徐刚又不熟，所以这顿饭吃得很尴尬。

吃完饭，琪琪说："那我就先回去了。"

周丽跟琪琪说了抱歉，送琪琪上了出租车，看着车走远了，才跟徐刚生气。

"今天你又没什么事，怎么会迟到呢？让我朋友等你，你觉得好吗？"周丽责备道。

"我公司突然有事，这不是意外嘛。"徐刚解释。

"你以后别把情绪写脸上了，你看，刚刚吃饭时多尴尬啊。"徐刚缓缓说道。

"你迟到了还有理了，还说我。"周丽比刚才还生气。

最终，两人不欢而散。

故事中的周丽是一个直性子的人，喜欢把喜怒哀乐表现在脸上。殊不知，这种情绪在某些场合是不合时宜的。徐刚的迟到本来是一个意外，如果周丽笑着表达自己的"不满"，最后也许就不会不欢而散了。

笑容是世界上最珍贵的东西，甚至比锦衣华服还要美丽，它是最真诚、质朴的一种语言，可以跨越国界、人种。没有人喜欢愁眉苦脸的人，大家都喜欢与常常微笑的人交往。当然，每个人都会有不开心的时候。但是要选择适当的场合，用适当的方式去表达自己的情绪，才是一个成熟的人所应具备的修养。

直性子的人可能会说："我就是这样一个人，我才不会那么虚伪，整天笑，我不开心就是不开心。"可是，真诚的人难道就不可以常常微笑吗？笑口常开的人，有一颗乐观、善解人意的心灵。而常把自己的不开心写在脸上，还经常自诩是直性子的人，并不是真正的直率，而只是为自己的自私找借口罢了。

笑容是乐观情绪的外在体现，即使你现在心情不好，努力微笑也可以帮你驱散不良情绪。而且积极乐观的情绪还可以提高身体的免疫力。所以不要有了开心的事情才笑，不开心的时候也要多笑笑，这样，心情才会变得越来越好。

最近，薛蒙蒙常常收到朋友丽丽发来的微信，跟她吐槽一些工作上的"痛苦"。

正好赶上假期，丽丽打算到薛蒙蒙所在的城市玩几天。

　　一大早，薛蒙蒙收拾好东西，就出门了。接到了丽丽之后，两人就回了家。

　　进门后，两人寒暄了几句，聊着聊着，丽丽就开始吐槽公司的事情。

　　"我跟你说，公司的助理都好难相处啊。吃饭的时候也不叫上我。"丽丽不开心地说道。

　　"丽丽，你记得大学时的张建吗？"薛蒙蒙突然岔开了话题。

　　"记得啊，他不是校学生会的主席嘛。现在还是我的直属上级呢。"丽丽不明白，为什么薛蒙蒙突然问这个。

　　"我跟他关系还不错，最近，我想换工作。他就邀请我去他的公司，说最近想招个新的助理。他不太满意新来的助理，大家也不太喜欢她。"薛蒙蒙缓缓说道。

　　"不会是我吧？我刚去一个月，其他的助理好像都待了好几年了。"丽丽不安地说。"丽丽，好像其他助理跟他反映过。你性子太直了，喜欢把所有的情绪都挂在脸上。笑的次数屈指可数。我是你的好朋友，希望你能好。我想说的是，直率没有错，但是不顾及别人的感受随意表达自己的不快，就不是直率了。我希望你能意识到这个问题，多笑笑，也许她们慢慢地就喜欢跟你玩了。"薛蒙蒙说道。

　　薛蒙蒙的话让丽丽这才意识到，和气待人，笑口常开，不是"虚伪"。

公司里人员复杂，每个人都有自己的性格。和气待人，脸上常挂笑容，才能跟同事们愉快地相处。故事中直性子的丽丽吃了亏，还没有意识到问题所在，直到被薛蒙蒙点破，才恍然大悟。

笑容是世界上最珍贵，也最容易的东西，一个微笑，就可以带给别人好的心情，也会让自己心情愉悦。

所以直性子的人也要尽量多展露笑容，即使当下的心情有点儿糟糕，每天早晨洗漱的时候，也要给自己一个微笑。遇到朋友、同事，更要给他们一个灿烂的笑容。多看看喜剧片、笑话，凡事都往好的方面想。久而久之，微笑就会成为习惯。除了培养微笑的习惯外，还要广泛结交乐观、和气待人的朋友。近朱者赤，多跟这样的朋友相处，直性子也会变得温柔，变得爱笑。而快乐的情绪是会传染的，当你沉浸在乐观世界里时，笑容自然就出现了。